国外油气勘探开发新进展丛书

GUOWAIYOUQIKANTANKAIFAXINJINZHANCONGSHU

The Imperial College Lectures in
PETROLEUM ENGINEERING

DRILLING AND RESERVOIR APPRAISAL

钻井和储层评价

【法】Olivier Allain 【英】Michael Dyson
【荷】Xudong Jing 【阿曼】Christopher Pentland 著
【加】Marcel Polikar 【丹麦】Vural Sander Suicmez

万立夫 曲 海 苏堪华 译

U0317258

石油工业出版社

内 容 提 要

本书全面系统介绍了石油钻井和储层评价。通过本书学习能够从油井规划、设计、施工等方面掌握油井工程的基本原则，掌握岩心分析的过程、实验室测量和岩心分析的最新进展，了解并掌握生产测井工具和生产测井解释方法。主要内容包括：钻完井工程、岩心分析和生产测井。

本书可作为从事油气钻井和储层评价科研人员的参考书，也可作为高等石油院校石油工程及相关专业的研究生教材。

图书在版编目（CIP）数据

钻井和储层评价/（法）奥利维尔·阿兰
（Olivier Allain）等著；万立夫，曲海，苏堪华译. —
北京：石油工业出版社，2021.11
（国外油气勘探开发新进展丛书. 二十）
书名原文：The Imperial College Lectures in
Petroleum Engineering：Drilling and Reservoir
Appraisal
ISBN 978-7-5183-4770-4

Ⅰ.①钻… Ⅱ.①奥… ②万… ③曲… ④苏… Ⅲ.
①油气钻井②储集层-评价 Ⅳ.①TE2②P618.130.2

中国版本图书馆 CIP 数据核字（2021）第 174667 号

The Imperial College Lectures in Petroleum Engineering
Volume 4：Drilling and Reservoir Appraisal
by Olivier Allain, Michael Dyson, Xudong Jing, Christopher Pentland, Marcel Polikar, Vural Sander Suicmez
ISBN：978-1-78634-395-6

出版发行：石油工业出版社
　　　　　（北京安定门外安华里 2 区 1 号楼　100011）
　　　　　网　址：www.petropub.com
　　　　　编辑部：（010）64523710　图书营销中心：（010）64523633
经　　销：全国新华书店
印　　刷：北京中石油彩色印刷有限责任公司

2021 年 11 月第 1 版　2021 年 11 月第 1 次印刷
787×1092 毫米　开本：1/16　印张：15.5
字数：396 千字

定价：118.00 元
（如出现印装质量问题，我社图书营销中心负责调换）

序

"他山之石，可以攻玉"。学习和借鉴国外油气勘探开发新理论、新技术和新工艺，对于提高国内油气勘探开发水平、丰富科研管理人员知识储备、增强公司科技创新能力和整体实力、推动提升勘探开发力度的实践具有重要的现实意义。鉴于此，中国石油勘探与生产分公司和石油工业出版社组织多方力量，本着先进、实用、有效的原则，对国外著名出版社和知名学者最新出版的、代表行业先进理论和技术水平的著作进行引进并翻译出版，形成涵盖油气勘探、开发、工程技术等上游较全面和系统的系列丛书——《国外油气勘探开发新进展丛书》。

自 2001 年丛书第一辑正式出版后，在持续跟踪国外油气勘探、开发新理论新技术发展的基础上，从国内科研、生产需求出发，截至目前，优中选优，共计翻译出版了十九辑 100 余种专著。这些译著发行后，受到了企业和科研院所广大科研人员和大学院校师生的欢迎，并在勘探开发实践中发挥了重要作用，达到了促进生产、更新知识、提高业务水平的目的。同时，集团公司也筛选了部分适合基层员工学习参考的图书，列入"千万图书下基层，百万员工品书香"书目，配发到中国石油所属的 4 万余个基层队站。该套系列丛书也获得了我国出版界的认可，先后四次获得由中国出版协会颁发的"引进版科技类优秀图书奖"，已形成规模品牌，获得了很好的社会效益。

此次在前十九辑出版的基础上，经过多次调研、筛选，又推选出了《石油地质概论》《油藏工程》《油藏管理》《钻井和储层评价》《渗流力学》《油气储层组分分异现象及理论研究》等 6 本专著翻译出版，以飨读者。

在本套丛书的引进、翻译和出版过程中，中国石油勘探与生产分公司和石油工业出版社在图书选择、工作组织、质量保障方面发挥积极作用，聘请一批具有较高外语水平的知名专家、教授和有丰富实践经验的工程技术人员担任翻译和审校工作，使得该套丛书能以较高的质量正式出版，在此对他们的努力和付出表示衷心的感谢！希望该套丛书在相关企业、科研单位、院校的生产和科研中继续发挥应有的作用。

中国石油天然气股份有限公司副总裁　李鹭光

原书序

石油工业长期受到油价的波动、地缘政治格局的变动，以及技术和创新发展的影响，迫使石油行业，包括服务承包商、服务提供商和供应商作为一个整体，通过削减成本和减少关键投资决策中的不确定性来适应这样的环境。为了适应多变的利润空间和较低的石油价格环境，石油行业不得不做出持续的技术改进，特别是在低成本的环境下实用性更强的技术。

技术进步改变着石油行业的游戏规则。新技术的成功应用确实使石油公司能够将曾经被认为是非常规的资源转化为常规资源。俗话说："今天不可能的事，明天就容易了。"钻井技术的进步给石油工业带来了根本性的变化，并影响着世界宏观经济前景和地缘政治的未来。

本书涵盖了钻井技术和储层评价策略的基本原理和近些年来的新进展。本书适用于现场操作工程师和地学科学家，以及石油工程和地球科学的学生。翔实而精心的油井设计和恰当的油藏评价程序是成功开发油田的第一步，同时也能够保证满足油田开发的经济性要求，最大限度地减少相关应用的风险和不确定性。

本书作者都是其各自领域的专家，能够恰当地融合工业经验和学术经验。因此，这本书为读者提供了一个从学术到行业视角学习理论和实践独一无二的机会。我郑重地向地球科学和石油工程专业人士推荐这本书，因为我相信他们会发现这是一本在"钻井和储层评价"领域有用的参考书。

比罗尔·丁多鲁克（Birol Dindoruk）博士
壳牌国际勘探和开发公司油藏物理学首席科学家

译者前言

进入 21 世纪，石油的全球供需矛盾呈现日益突出的态势。近年来，随着国民经济的持续、快速发展，我国已经成为世界第一大石油进口国和第二大石油消费国。如何保障我国石油安全和有效供给，已经成为我国面临的巨大挑战。

面对国内外竞争环境的变化，面临资源有限与需求不断增长的现实矛盾，需要我们不断进行关键技术攻关和技术创新能力建设，实现技术突破，使技术创新成为实现持续高效较快协调发展的重要支撑。在整个油气田开发过程中，合理的钻完井工程设计和油藏评价程序是成功开发油田的第一步。有鉴于此，为大量相关专业学生、技术人员和科研工作者提供系统全面地了解钻完井工程和储层评价的相关理论和技术就显得非常必要。因此，本书的引进和翻译出版具有重要的现实意义。

《钻井与储层评价》内容有 3 个部分。第 1 章主要介绍了钻完井工程的相关内容。同时，从整个油井工程的角度出发，简要介绍了地层评价、试井、压裂增产、修井、油井废弃以及油井工程组织人员、钻井合同、采购和物流等内容；第 2 章主要介绍了岩心分析的相关内容，主要包括岩心的提取、制备、保存、分析准备、基础岩心和特殊岩心的实验室测量以及岩心分析的最新进展。第 3 章主要介绍了生产测井的相关内容。主要包括生产测井的典型工具、典型作业工序、测井解释的基本原理及测井仪等。全书涵盖了钻井技术和储层评价的基本原理和近些年来的新进展，较为清晰地介绍了钻完井工程与储层评价的主要工艺环节，方便相关专业学生、技术人员和科研工作者学习和查阅。

本书由重庆科技学院石油与天然气工程学院石油工程系部分教师集体翻译编写而成。其中第 1 章由万立夫翻译编写，第 2 章由曲海翻译编写，第 3 章由苏堪华翻译编写。全书由万立夫负责统稿和审稿。在本书的翻译过程中，查阅了大量相关专业的英文技术图书和文献资料，力求提供给读者一本高质量的、关于钻完井与储层评价方面的技术书籍，同时对发现的原著中的一些错误进行了更正。

由于翻译人员的专业知识和现场经验的限制，书中难免存在不足和不当之处，欢迎读者批评指正。

万立夫

重庆科技学院

2021 年 6 月

原书前言

《钻井和储层评价》为地球科学、石油工程的学生提供了所需的预备知识。本书各章节的作者都是其各自专业领域享有盛誉的专家。本书分为 3 章。

在第 1 章中，迈克尔·戴森（Michael Dyson）在主题中加入了很多实例，首先介绍了钻完井工程在规划、设计和建井过程中的基本原理以及其对油田优化开发的影响。之后着眼于钻井与完井技术以及装备的基础知识，为学生了解油井操作的安全性、成本和运营管理等方面知识奠定了基础。迈克尔·戴森多年来一直在全球各地的石油和天然气领域的跨国公司工作，如壳牌公司、英国天然气集团和法维翰咨询公司（Navigant）等。

第 2 章介绍了岩心分析的概念，重点介绍了岩心取心和样品理化性质的实验室测量等问题，强调了油气藏开发的重要性。本章的作者是乌拉尔·桑德·苏伊梅（Vural Sander Suicmez）、马塞尔·波利卡尔（Marcel Polikar）、景旭东（Xudong Jing）和克里斯托弗·彭特兰（Christopher Pentland），他们都是有着数十年工作和学术经验的石油工程方面的技术专家。

实验是岩石物理学的基本研究方法，其中岩心分析依然是在多学科范围内检测回收岩心实验的物理化学性质的重要手段。岩石物理学还包括测井资料获取和解释。

第 3 章的重点是生产测井（PL），测井作业用于描述在生产或注入过程中井筒内或井筒周围的流体性质及其流动特性。提供在给定的时间内，不同阶段和不同区域的流体流出或进入地层的量。为了获得这些信息，油田服务公司的工程师将运用一系列专用工具来捕获和处理这些信息。生产测井可以用于不同的目的：储层监测和管理、油井动态分析、单个区域的产能或注入能力评估、油井问题诊断以及油井作业（增产、完井等）的结果监测。在某些公司，生产测井的定义扩展至所谓的套管测井，包括水泥胶结测井（CBL）、脉冲中子捕获测井（PNL）、碳/氧测井（C/O）、腐蚀测井、放射性示踪测井和噪声测井。奥利维尔·阿兰（Olivier Allain）是卡帕（KAPPA）公司的技术指导和石油工程师，负责解释说明传统和多探针生产测井的主要方法。

作者简介

奥利维尔·阿兰（Olivier Allain）：法国索菲亚-安提波利斯（Sophia-antipolis）一家石油工程软件公司卡帕（KAPPA）公司的技术总监。在卡帕公司工作的 27 年里，他参与了不稳定压力、产量分析解释软件和生产测井解释软件的开发。

迈克尔·戴森（Michael Dyson）：油气领域的项目咨询公司纹状体（Striatum）公司董事。在其职业生涯中，任职于壳牌公司（Shell）、英国天然气集团（BG Group）和法维翰（Navigant）咨询公司等跨国石油公司。他也是帝国理工学院的行业客座讲师。

景旭东（Xudong Jing）：壳牌石油公司改进和提高采收率技术部门总经理。曾在英国、阿曼、中国、美国和荷兰担任过石油工程技术和领导职位，也是伦敦帝国理工学院石油工程方面的客座教授。

克里斯托弗·彭特兰（Christopher Pentland）：阿曼石油开发公司油藏工程师，曾就职于壳牌全球（Shell Global），曾就读于帝国理工学院地球科学与工程系。

马塞尔·波利卡尔（Marcel Polikar）：加拿大独立咨询师，曾担任艾伯塔大学的教授、教练和导师，以及壳牌国际公司的首席油藏工程师。

乌拉尔·桑德·苏伊梅（Vural Sander Suicmez）：丹麦哥本哈根马士基石油和天然气公司的首席油藏工程师。加入马士基石油天然气公司之前，他曾在荷兰和文莱的壳牌公司（Shell）、沙特阿拉伯达兰的沙特阿美石油公司（Saudi Aramco）任职，也是帝国理工学院石油工程方面客座讲师。

目　　录

1 钻完井工程

迈克尔·戴森 (Michael Dyson)

英国纹状体有限公司董事 (Director, Striatum Limited, UK)

本章要点如下:

(1) 掌握油井规划、设计和建设的基本原则;

(2) 了解油井设计和施工对优化油田开发的意义;

(3) 了解钻井和完井的基本阶段和应用设备;

(4) 基本了解完井方案设计;

(5) 重视油井施工安全、成本和施工管理。

1.1 引言

在油田的勘探、评价、开发、生产到废弃的每一个阶段,油井都起着至关重要的作用。通常,在一个深水项目中,油井成本占资本性支出 (CAPEX) 的 50%。从勘探井或评价井获得的信息价值决定着数十亿美元投资的收益。地层伤害对油井的生产有很大的影响,所以在钻井过程中应避免对地层造成伤害。油井在油藏中的优化布置对油田排驱和最终采收率有很大影响。在油田的整个生产周期中,对未来需求和整个井的完整性进行规划,可以最大限度地发挥其商业价值。

考虑到深水钻井平台每天的运营成本可能超过 100 万美元,钻井作业的合理管理至关重要。英国石油公司 (BP) 在美国墨西哥湾马孔多 (Macondo) 油田发生的油井井喷事故,就证明了钻井监督和作业管理的必要性。

所有这些方面都表明了将项目管理理念应用于油井交付的价值。这意味着要尽早参与本章后面描述的油田开发概念和油井交付流程的应用。

在勘探和生产行业,特别是钻井工程领域,普遍应用术语、缩写、三个首字母缩写(以及英制单位)。

1.2 健康、安全和环保 (HSE)

油井工程作业,如钻井、完井和测试是存在潜在非常危险的作业。当钻达深部、自然承压地层,通常含有可燃液体和有毒气体。如果这些流体不受控制地流到地表并起火,结果将是灾难性的——很可能造成人员伤亡、严重的环境破坏、设备损坏,并使涉事公司和组织的声誉受损。

此外,所有钻井活动都会涉及井场周边重型设备使用和移动,钻井作业中会频繁使用大功率机器、腐蚀性化学试剂和爆炸物,这可能对现场工作人员造成潜在危害。

钻井作业是一项周期性很强的业务。由于频繁受到产业兴衰的循环影响,往往使得通知开工和停工的时间很短。从历史上看，这种情况反过来使得招募到井场工作的工人业务并不熟练，尤其是陆地钻井作业，工伤率高几乎是不可避免的。有一个与事实相差不远的老笑话：受过工伤失掉几个手指头的钻工才是"真正的"钻工。

石油行业已经开始并持续应对这些挑战。例如，雇佣和严格培训钻井人员，增加使用钻台上的自动化系统。政府监管机构和代理机构要求改善安全、健康的工作条件，并大幅减少油井工程活动对环境的影响。因此，勘探与生产（E&P）行业（尤其是钻井作业）具有很强的健康安全环保（HSE）意识，工伤事故发生率低于大多数其他行业。

遵照 HSE 贯穿于油井作业各个方面的理念，本章将确定并讨论出现的 HSE 具体考虑因素。与此同时，这里需要介绍几个关键的概念。

1.2.1 事故不是出于偶然

所有的事故都是由一系列的失败引起的。它们可用詹姆斯·瑞森（James Reason）的"瑞士奶酪模型"表示出来。其模型描述为：为了防止事故发生而设置的屏障上往往会有漏洞，如果所有的漏洞都排列在一起，事故就会发生（图 1.1）。

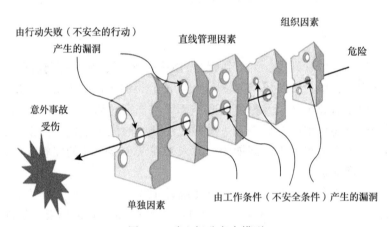

图 1.1　瑞士奶酪安全模型

包括航空公司和医疗实践在内的诸多行业都应用此种模型。模型中的屏障可能是有形的（如安全帽），也可能是无形的（如避免不安全的行为、遵守规则和程序、具有洞察力和实行有效的监督）。

石油行业专注于"填补"屏障上的"漏洞"，对模型进行测试，以确保它们是可靠的，并对缺陷进行报告。

除了避免事故的发生，石油行业还采取了其他措施来减轻事故发生带来的后果，包括应急反应能力、消防设备和急救培训。

1.2.2 安全的内部架构

许多事故和事件的屏障是基于以下几点：

（1）适当的作业计划，尽可能采用自动化系统使人们远离高风险的任务；

（2）提供适当的装备，包括个人防护用品（简称 PPE，如安全帽、靴子、护目镜、工作服和手套）；

（3）有能力、有技能和积极上进的工作人员；

（4）强有力的领导力和决策力；

（5）一种报告事件、从中学习并实施改进的文化。

1.2.3 个人安全

对于油气勘探开发行业的石油工程师来说，意识到个人安全的风险并注意他人的安全是十分重要的。在负责任的组织中，这是全体员工都需要的价值观——认真对待 HSE，并且：

（1）如有疑问，须停止作业；

（2）油井作业是一个相互协作的工作，应善于提出问题；

（3）分享信息和知识；

（4）永远不要假设别人已经了解情况；

（5）总是问自己"如果……会怎么样？"

（6）不断检查和再检查；

（7）了解保护个人安全的屏障。

1.3 油井的建井过程及钻井方案与钻井工序

如前所述，油井工程对油气开发项目的整体盈利能力起着至关重要的作用。

图 1.2 表示了此类项目在其生命周期内（这里假设为 30 年）的名义现金流。一般来说，在生产设备和油井的早期进行资本性支出（CAPEX），然后在油田更偏远地区的侧钻井进行资本性支出。运营成本（OPEX）发生在设备运行和油井维护的整个油井生命周期

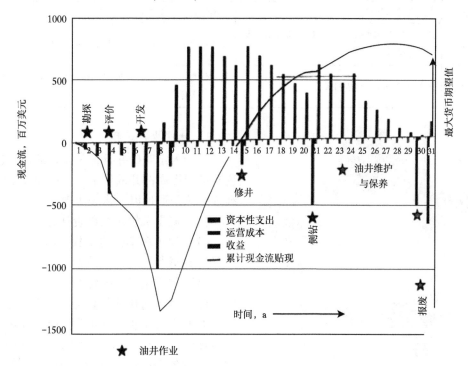

图 1.2 典型油气开发与生产（E&P）项目现金流

中。这些成本通过生产收入来抵消。净利润通过总体贴现现金流（DCF）和项目的预期货币价值（EMV）来体现。在项目进行的过程中，可以充分考虑下列因素，使项目的盈利能力最大化：

(1) 提高油气采收率；

(2) 优化数据采集；

(3) 风险管理；

(4) 满足或超过健康、安全、安保、环保（HSSE）的一系列相关标准；

(5) 技术和商业上恰当的职业能力；

(6) 合作伙伴的合理选择；

(7) 利益相关者的管理；

(8) 合适的技术和创新；

(9) 多学科的团队；

(10) 清晰的业务流程和应变管理；

(11) 清晰的岗位职责和领导。

表 1.1 叙述了油井工程各阶段的主要任务。

表 1.1　油井工程各阶段的主要任务

工程阶段	典型的油井活动	焦　　点
勘探	根据地震解释预测打勘探井	确定油气藏是否存在，圈定油气藏边界
评价	通过一口或多口评价井进行钻井和生产测试	评价油气田规模，查明油气物性
开发	生产井的钻井和完井	成本控制，作业效率，布局优化
运营	井的保养和维修。二次完井，油井数值模拟，侧钻井	油井正常工作时间，未来可操作性，获得最多的资源产出
报废	重返已钻井眼，封堵和报废	最小化费用以达到有效报废（如果在陆地还要能使油井进行二次开发）

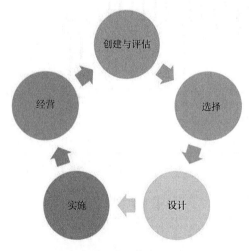

图 1.3　高水平油井生产过程的 5 个阶段

1.3.1　油井生产过程

一个界定明确并且记录完备的油井建井过程有助于提高油井的质量，从而提高整体业务绩效。这是通过以下途径实现的：

(1) 确定关键决策的责任方；

(2) 促进多学科的团队协作；

(3) 进行适当的风险管理；

(4) 促进引进新想法/方法；

(5) 设定有挑战的目标，并努力达成。

大多数油气勘探与开发公司已将其油井交付过程记录为 5 个阶段，如图 1.3 所示。闭环应贯穿在各个阶段（闭环存在每个阶段及不同阶段之间）。油井交付过程适用于单井（通常用于勘探），也适用于一系列类似井（如生产井）。油井将通过"决策门"从一个阶段推进到下一个阶段，管理和技术专家将审查提案，并签署所有相关工作已经完成，项目仍然有价值和计划执行。

油井生产过程 5 个阶段的主要活动见表 1.2。

表 1.2　油井生产过程各阶段主要活动

阶段	通常持续时间，mon	主　要　活　动
创建与评估	2~12	(1) 启动工程（时机）； (2) 起草设计理念； (3) 选定油田（或者油井）理念； (4) 复审油田（或者油井）理念； (5) 确定需要提前时间较长的事项，比如特殊钻机、特殊设备、耐腐蚀合金（CRA）材料等； (6) 临时经济运行
选择	2~12	(1) 可行性评估； (2) 最优项选择； (3) 确认油井设计满足具体目标； (4) 情报； (5) 产量； (6) 生产周期； (7) 确认经济合理性
设计	4~8	(1) 完成井的具体设计； (2) 完成同行评议； (3) 油井方案的建立，优化及最终确定
实施	1~12	(1) 获取具体油井设计的许可； (2) 获取经费许可； (3) 编制钻井实施过程文件； (4) 钻井、完井、修井； (5) 性能评估
经营	0~600	(1) 操作性能评价； (2) 完成油井最终报告； (3) 将井的情况按顺序编成目录； (4) 分享学习

1.3.2　钻井方案

设计阶段的一个重要步骤是钻井方案的制订，该方案是为每口待钻井特别设计的。对钻井的技术细节进行了详细规划。本章将讨论其中的许多要素。典型钻井方案的基本要素如图 1.4 所示。

大多数国际石油和天然气公司将钻井作业承包给钻井承包商，后者按照负责整个生产活动的服务承包商的指示提供钻井服务。此外，专业活动也由经营者承包。这些公司通常提供以下服务：

作业指令：A12345B/1
目的：钻井，如果测井有石油气显示进行评价和测试
成本：1838×10⁴美元（基干井）
持续时间：108d

目的：在M-4和M-5标记点之间进行地震亮点勘探
目标（地质允许误差）：
1）M-4标记点四周周+/-200m
2）M-5标记点四周周+/-200m
垂直方向允许误差为0

井名：Recruit-1
井类型：勘探井
区块：UK-1
水深：1200m
钻台标高：海面以上12m

钻机：Leachim Nosyd III
类型：10K
半潜式，系统停泊
承包商：Neb Namiook
1/1/97

勘探开发公司
钻井项目参数：
Shell 45%
ABC 30%
EnerCo25%

平面坐标：
西经12°34′56″
北纬56°34′12″
横墨卡托投影
6365214m地震测线
XS 911 5351

预测地质情况：
M-1标记点 2210m TVD　顶部圈闭 2511m TVD
M-2标记点（盐岩顶部）2210m TVD
M-3标记点（盐岩底）2210m TVD
贫化砂岩夹层 3000m TVD
F-1断层 3400m TVD
M-4标记点（砂岩顶层）3500m TVD
M-5标记点（砂岩底层）3650m TVD

套管引鞋：30in 导管1270m；20in 套管引鞋；13⅜in 套管引鞋2200m；9⅝in 套管引鞋3800m；7in 尾管

井眼尺寸和深度（井深m/垂深m）	套管（类型/等级·线重/下入深度/下入垂深）	水泥（类型/相对密度）	水泥返高（总垂深）	钻井液说明	压力梯度 kPa/m	测斜（频率）	测井评价	压力测试（防喷器 kPa）	压力测试（套管 kPa）
海床处水深1212m（1200m）一开井段井眼尺寸为36in（12¼in钻头结合台36in扩眼器）井深1272m 垂深1250m	30 in X-56/1.5 in WT/ RL-4 下入深度1270m 下入垂深1258m	G级、海水；相对密度1.90，200%附加量	海床	海水 高黏度	无	多谱扫描仪(150m)	无	试压桩测试 69000/34500	无
井眼尺寸为26in 二开井段井深1505m 垂深1493m	20in/94/0.625in WTJ/-55/RL-4s 下入深度1500m 下入垂深1488m	G级、清水；开始时相对密度1.62 结束时相对密度1.90 150%附加量	海床 1300m	石膏、CMC、高屈服值、高塑性黏度	10	多谱扫描仪(海床和井深)	无	34500/10500	6900 (候凝之后)
三开井段井眼尺寸为17½in 井深2205m 垂深2193m	13⅜in/54//J55/BTC 下入深度2200m 下入垂深2188m	G级、清水；开始时相对密度1.62 结束时相对密度1.90 无附加量	1600m 2000m	石膏、CMC、高屈服值、高塑性黏度	11	随钻测量(井深到套管鞋)	无	34500/24100 (Ann)	20700 测试
四开井段井眼尺寸为12¼in 井深3805m 垂深3444m	9⅝in/47//N80/BTC 下入井深1970m，接9⅝in/40//N80/BTC 下入深度3800 m 下入垂深3441m	缓凝水泥, G级、清水；加高温相对密度1.62 结束时相对密度1.90 井径仪+20%	海床 3200m	石膏、CMC、高屈服值、高塑性黏度、加高温降低失水不受岩控制	13	随钻测量(井深到套管鞋)	SGR/DLL/MSFL/DSI SGR/LDL/CNL/CAL MDT(可能) CSTS(60)	51700/24100 (Ann)	20700 (冲击 测试)
五开井段井眼尺寸为8½in 井深5002m 垂深4213m	7in/23//N80/BTC 下入深度5000m 下入垂深4212m	缓凝水泥, G级、清水；加高温降低失水剂, 相对密度1.90, 井径仪	尾管顶部 3650m	IOEM, 塑性黏度=10, 屈服值=10	17	随钻测量(井深到套管鞋)	SGR/DLL/MSFL/DSI SGR/LDL/CNJ/CAL MDT(可能) CSTS(60) 补偿地震剖面	51700/24100 (Ann)	20700 (冲击 测试)
填表人：ABC/11	ABC/1	ABC	TAB	AB	AB/D	ABC	勘探经理		
审核人：TAB/11	TAB/1	TAB		TA	XYZ		作业经理		

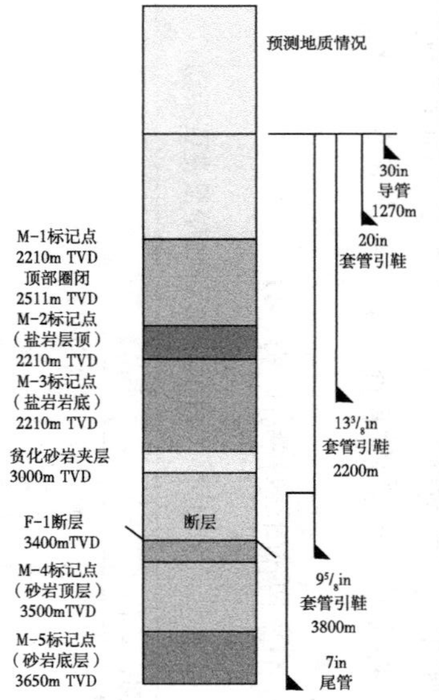

图1.4　钻井方案总结页示例

（1）定向井/随钻测井（LWD）/测量；

（2）钻井液；

（3）固井；

（4）岩石物理测井；

（5）钻井液录井；

（6）下套管/油管；

（7）岩屑管理；

（8）其他设备专家；

（9）试井；

（10）物流（船、卡车、直升机）；

（11）场地建设；

（12）通信；

（13）食宿；

（14）起重；

（15）环境管理；

（16）本地联络；

（17）安全。

在钻井之前，这些服务的合同必须在钻井之前签订，并保证这些服务在现场准备到位。

1.3.3　钻井作业的所有工序

通常，钻完井工程不仅仅包括钻进作业，还包括一些独立的或相互结合的活动，见表1.3。

表1.3　钻完井工程作业工序步骤

步骤	作业内容	描述
0	下导管	顶部油井套管打桩
1	定位	开始一口新井
2	起下钻	将钻杆（或其他管子）下入或提出井眼
3	组装/拆卸底部钻具组合（BHA）	将BHA管柱旋紧或旋开
4	钻井	实际破碎岩石形成井眼
5	循环	泵入流体在井中循环（进入并流出）
6	导向	沿某一指定方向钻井
7	测井	从井中获取岩石物理及其他数据
8	测量	测量井眼轨迹
9	下套管	从地面下放套管
10	固井	将水泥泵入套管和地层之间的间隙并封固
11	压力测试	检查井筒的物理完整性
12	地层完整性测试	检查井周围岩石的物理完整性
13	安装/卸下防喷器组（BOPs）	井口连接/不连接防喷器组
14	下油管	从井中下放生产油管
15	安装/卸下采油树	井口连接/不连接采油树

步骤	作业内容	描述
16	井中下入/起出测井电缆工具	从井中下放或取出电测井工具
17	井中下入/起出钢丝工具	从井中下入或取出桥塞,移动滑套等工具
18	射孔	在套管上打孔使油气流入
19	增产增注	将流体泵入地层以增加产量
20	砾石充填	在井中加入砾石以阻止出砂
21	生产	操作油井生产油气
22	注入	往井中注入流体
23	分析	分析油井数据,优化产量并保证油井正常
24	维护	保持油井处于安全工作条件
25	维修	为未来生产,重新布置油井
26	侧钻	在已钻井眼中沿不同方向钻井
27	中止	将井处于一个安全非生产状态
28	报废	永久关闭油井

注:2~13步重复进行很多次直至井到达要求的深度。

所有这些作业活动都将在本章后续章节详细加以介绍。

1.4 规定和标准

油井工程涉及许多法规要求和其他标准,例如:

(1) 政府/监管标准——HSE;

(2) 公司政策和标准;

(3) 行业标准;

(4) 第三方标准,例如:钻井计划审查、检查和钻机保险。

政府(联邦、州、欧盟)标准通常要求在油井工程作业中具有"良好的油田作业规范"。对于标准中没有定义的,也通过实际案例进行了阐明。还有一些其他特别的要求,例如,要求提供油井作业计划的副本、对井控设备进行定期测试、备有作业记录、井眼位置的准确测量以及安全或环境事故的告示。有些规定要求,在进行某些作业(如油井废弃)前,需要有关作业方达成高度一致。规定还包括在井场担任关键角色的人员所必须具备的资质。例如,国际井控证书(IWCF),或船舶相关专业的硕士学位证书。一般的工业安全要求是适用的,而且对任何环境排放都要加强审查。政府机构通常有权在任何时候访问和检查钻井现场,如果不满足要求,可要求停止作业。公司和个人可能会被起诉。

作业公司、钻井承包商和服务公司通常都有自己的规范和标准,这些规范和标准必须得到遵守,指导方针为最佳实践提供建议。这些内容通常包括如何测试防喷器组(BOP)、怎样进行钻井液测试、详细的钻井计划、各种商业合同、特定角色所需的资质、钻井平台必须配备的设备以及许多其他因素。

某些国家和国际的行业机构制定了与油井工程活动相关的行业标准,这些行业标准通常被认为是油井工程活动最低可接受的标准。制定标准的机构包括：

（1）美国石油行业（API）——特别适用于设备技术规范；

（2）石油工程师协会（SPE）；

（3）国际钻井承包商协会（IADC）；

（4）英国石油天然气公司。

通常情况下（尤其是对较小的公司而言），外部独立机构审查关键活动方案（如钻井方案），以确定安全或运营方面的问题。为了保险起见，在开始作业之前，还需要对钻井平台进行检查。在某些情况下，还需要对钻井现场进行检查。挪威船级社（DNV）等独立机构有相关的管理标准。

以上标准和要求必须全部满足。在相互有冲突的情况下，必须按最严格的标准和要求来执行。相关岗位的人员（公司职员和钻井承包商的钻井队长）必须熟悉所有这些要求。

1.5 陆地钻机

1.5.1 普通钻机

普通钻机一般要求能够实现下列功能：

（1）上提下放钻柱；

（2）旋转钻柱；

（3）从钻柱内向下并从井眼返出流体实现循环；

（4）控制压力。

这些功能将在本章后续章节逐一详加阐述。一言以蔽之，钻机的技术要求取决于井眼的具体规格。

钻机类型取决于：地理位置、环境、井深、井的类型、移动性要求和运营成本。

本章节将涉及以下钻机类型：

（1）陆地钻机；

（2）钻井驳船；

（3）平台钻机；

（4）重力式平台；

（5）自升式平台；

（6）半潜式平台；

（7）张力腿式平台；

（8）立柱式平台（SPAR）；

（9）深水钻井船；

（10）连续管钻机；

（11）带压作业装置。

1.5.2 桅杆式钻机和塔式钻机

桅杆式钻机和塔式钻机非常类似，如图1.5和图1.6所示。从平面图上看，井眼中心位于塔式钻机内部，而井眼中心位于桅杆式钻机的一侧。因此，塔式钻机能够为作业提供

图 1.5　桅杆式钻机

图 1.6　塔式钻机

更牢固的结构，可以提升负载高达 $1000×10^6$tf。在沙漠中作业的陆地钻机如图 1.7 所示，此图也呈现了在当地环境下整理出一块平地（称为井场）的样貌，该井场用于放置钻机以及为钻井作业所需的配套设备和材料。

图 1.7　沙漠钻井作业

对陆地钻机作业需要考虑的一个重要因素是，它们可以进行加固和拆卸，并有效、安全地转移到下一个钻井位置。在一个井场可以容纳数口井的情况下，只需要将钻机滑动到一口新井位置，而不需要移动井场上的其他设备。

目前已经开发了几种可快速移动钻机的技术。图 1.8 所示的是在沙漠环境中可移动的桅杆式钻机。钻机安装在卡车的后部，以简化井位之间的移动。

图 1.8　通过道路搬迁轻便桅杆式钻机

另一种是直升机式钻机，用于偏远地区的作业（通常是探井），在这些地区修建公路将钻机运至指定位置是不经济或不可能的（图 1.9）。这种钻机相对较轻，可以用直升机部分吊起，并在井场重新组装。

图 1.9　在密林地带用直升机搬迁钻机

图 1.10　防冻陆地钻机

图 1.10 所示的防冻陆地钻机为北极作业而设计,可适应低温和冷风。

1.5.3　高自动化陆地钻机

陆地钻机的一个新设计是采用新技术来优化工序。例如,通常用于钻探浅层致密页岩气或煤层气井的钻机。由于钻井速度很快,可能只需要 2~3 天,所以钻机的迁移时间非常重要。因此,这些钻机可以快速移动,分解成卡车大小的模块,可以在普通的乡村公路上运输(例如在美国的路易斯安那州和宾夕法尼亚州或澳大利亚的昆士兰州)。这些模块被设计得便于现场连接。桅杆式钻机可以是一根单独的垂直梁,吊钩悬挂在液压柱上,或者采用齿条和小齿轮的方式升降,而不是传统的悬挂方式。这两种形式都能够将钻杆下入井内。采用 40ft 的单根钻杆,而不是 2~3 根钻杆连接而成的立柱。这些钻机作业时只需要很小的井场,从而降低了成本和对环境的影响。钻机四周的隔音材料可尽量减少对当地居民或野生动物的影响（图1.11）。

图1.11　自动化陆地钻机

1.5.4　沼泽地驳船钻机

沼泽地驳船钻机用于内陆沼泽环境（例如尼日利亚）的极浅水钻井，如图1.12所示。钻机一般通过驳船运到井位，之后在钻井前压入沼泽地，然后以类似于钻探陆地井的方式进行钻井。驳船钻机不适用于在汹涌的水面作业，采用柱状腿固定在水下的适当位置，并延伸到沼泽基底。通过对系泊地点和所需的通道进行疏浚作业，准备好井位。

在水深超过几米或者不能建造人工岛来容纳井场的地点，沼泽地驳船钻机就需要有更复杂的结构。

图 1.12　沼泽地驳船钻机

1.6　海上钻井作业

对于海上钻井作业，需要采用各种平台。表 1.4 所列为海上钻井平台的类型。

表 1.4　海上钻井平台类型

类型	备　　注	水深，ft
固定式平台 钢制导管架平台	成本低，浅水作业的唯一选择	10～1500
固定式平台 混凝土导管架平台	成本低，可能包括存储单元	200～1500
顺应塔式平台		1500～3000
浮式生产系统	水下油井，可能重复使用	100～10000
张力腿式平台		500～7000
水下系统	要求油井作业的钻机有机动性。要求将系统系到陆地或其他类型平台（最大偏移量取决于流体类型，压力等）	100～7000
立柱式平台	当前，应用此技术可达最大水深（例如：美国墨西哥湾（GoM）的壳牌（Shell）佩尔迪多（Perdido）油田）	500～10000
自升式平台	组合或独立（例如勘探或评价井）井	0～500
半潜式平台	水下井口，在恶劣天气/海况下稳定作业	50～10000
钻井船	水下井口，可在不同位置间快速迁移	100～10000
浮式生产钻井储存卸货轮（FPDSO）	水下井口，可能重复使用	100～10000

图 1.13 所示为深水钻井装备发展情况。

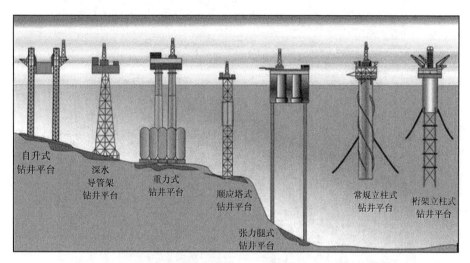

自升式
钻井平台

深水
导管架
钻井平台

重力式
钻井平台

顺应塔式
钻井平台

张力腿式
钻井平台

常规立柱式
钻井平台

桁架立柱式
钻井平台

图 1.13　深水钻井装备发展情况

1.6.1　钢制导管架固定式平台

人们往往会混淆"海上钻井平台"和"钻机"这两个术语。海上钻井平台由支撑结构、钻机、处理设施、发电机、办公室和生活区组成。因此，钻机只是整个平台的一部分，在许多方面与陆地钻机非常相似。图 1.14 和图 1.15 给出了一些例子。

这些平台由安装在海床上的钢制导管架支撑，最终固定位置后就不再移动。通常使用重型起重驳船将导管架吊装到海床上，或者漂浮到指定位置，并以可控的方式使其落在海床上。这种导管架平台的适用水深范围从几米到 500m 左右。水深超过 500m，其他类型的平台则更具经济性。

如图 1.15 所示，钻机安装在导管架上，平台上配备了钻井所需的所有设备，包括起重机和用以储存管柱、钻井设备，钻井液及钻井液储罐的甲板空间，。导管架平台还有工艺设备、发电机组、办公设施、生活区、救生艇和直升机坪以及"火炬"。"火炬"用于在生产间歇时将石油伴生气进行燃烧放空。开采出来的石油和（或）天然气在平台上经过初步油、气、水分离和加工之后，通过海底铺设的管道输送到岸或转运至另一个平台或装载设施。置于导管架上的设备统称为"上层甲板"。

海上钻井平台上钻井一般在直径为 30in 的导管进行，这些导管通过钻机向下一直延伸到海床以下约 50m 的位置，基桩也可通过钻孔或捶打到此位置。一个平台可钻 1~60 口井，通常井口间距为 2~3m。钻台通过纵向或横向移动的悬臂梁从一个井口滑动到另一个井口。

所有平台和移动式海上钻井装置均由供应船提供后勤保障。人员和少量物资由直升机运送。在卸货船上配备了起重机以供设备等的吊装服务。

本章描述的许多类型的钻机都是可移动的。即使相隔数千米，它们也可以从一个井位移动到另一个井位。钻井平台时油田生产作业期间（通常是 30 年或更久）必不可少的装备。一旦某区块有油气发现，平台就会投入开发井钻探。有时，也会使用钻井平台进行评价井的钻探，以圈定已投产油田的外围区域。

图 1.14   钢制导管架平台安装原理示意图

图 1.15   钢制导管架钻井平台

1.6.2   重力基座平台

另一种替代钢制导管架平台的是所谓的重力基座平台，它依靠自身的重量固定在海床上，并通过混凝土腿柱支撑上层甲板设备，这与钢制导管架平台基本相同。图 1.16 显示了

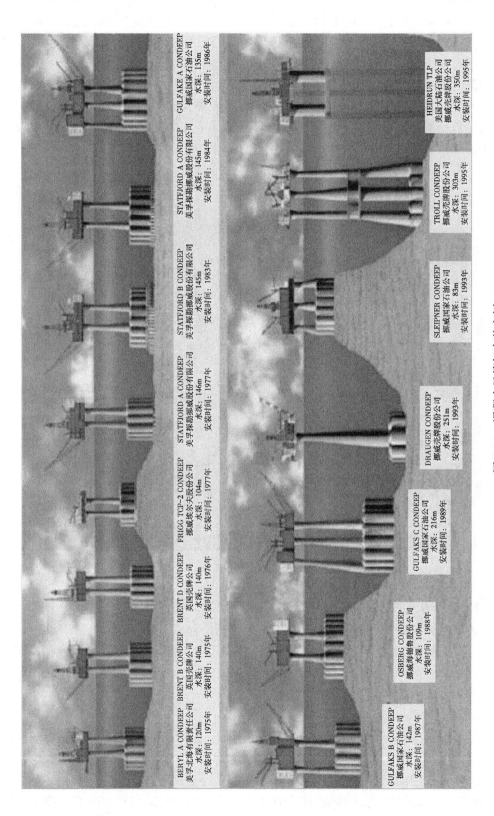

图 1.16　混凝土导管架安装实例

一些重力基座平台的例子。在图 1.17 和图 1.18 中，一个单腿混凝土平台从施工场地拖到最终位置，导管架和上层甲板在施工场地已经搭配好了。在这种模式下，导管架被部分压载并最终通过全压载到指定位置。在这种情况下，油井导管在混凝土导管架腿部穿过。这些支撑腿是中空的，可以承受来自外部的海水压力。这些结构是"滑移成型"的。这是承包商在峡湾地区开发的一种技术，包括将混凝土浇筑到模具中，然后将模具向上移动，同时排放压舱水。在某些情况下，石油可以储存于支撑腿底部，也可以存储在混凝土结构中。

图 1.17　混凝土平台安装

1.6.3　张力腿平台（TLP）

第三种平台类型是张力腿平台（TLP），本质上说是它一个漂浮结构。张力腿平台通过钢丝系索与海床相连。钢丝系索有效地"拉动"平衡了漂浮结构的浮力，使其成为一个稳定的平台。平台可以部署在水深 7000ft 的地方。立柱式平台（SPAR）是一种圆柱形的结构，其在海床上的固定方式与 TLP 类似。

1.6.4　辅助钻井平台

一旦钻井活动在平台上完成，通常会将钻机封存，使其处于备用状态，待到进行修井或其他钻井作业时启新启用。但是封存钻机会导致效率低下，因为重新启用备用钻机成本非常高。如果环境不是那么恶劣，使用辅助钻井平台是一个更好的解决方案，钻井作业完成之后，钻机可以通过辅助钻井系统移动到其他区块进行下一项钻井作业而无须封存（图 1.19）。

图 1.18　混凝土平台安装

图 1.19　辅助钻井平台

辅助钻井平台通常是一艘系缆驳船或半潜式平台，配有大型起重机，可将钻机的部分或整体吊装到平台上。一旦钻机在平台上就位，就可以进行正常的钻井作业。钻井液、供应品和井控由专业承包商提供。当作业完成后，钻机从导管架上吊至辅助钻井系统，然后航行到另一个地点。由于需要进行大型起重作业，这种设备仅适用于在和风和海况良好的条件下进行作业。

自升式钻井平台：这是一种在水深达150m的平台上进行辅助系统作业的一种替代方案。自升式钻井平台是一种可移动的钻井设备。当钻井平台工作时，其可伸缩的桩腿（通常数量为3或4个）固定在海床上。该平台的船体是水密的，通过拖船将其拖到指定位置。到达后，将钻机放置于尽可能靠近导管架的位置（避免在海床上铺设管道），通过千斤顶将桩腿压入海床，船体被抬升至水面以上。当钻机井架在平台的上甲板上方时，将其滑行到平台外部，使其垂直悬挑在井口上方。同样，钻井过程与其他钻井平台的方式类似。单井，比如探井，也可以在不需要导管架的情况下进行钻进。在这种情况下，导管悬挂在自升式平台上，而不是悬挂在导管架上（图1.20和图1.21）。

图1.20　钻机工作在钢制导管架的自升式平台

自升式钻井平台作业区域的海床情况是一个需重点考虑的因素。在对钻机进行定位之前要对海床强度进行测量，以确保海床足够坚固以支撑钻机。对平台位置的进一步考虑是根据不同的桩腿布局和尺寸下产生的"脚印"。起升后，通过使用压载水进行负载测试，以确保海底的完整。在以往的工程实践中，自升式钻井平台因海底强度不足而受损的例子数不胜数。

图 1.21 钻机工作在单井上的自升式平台

　　自升式和半潜式钻井平台通过拖船进行短距离移动和定位。如果距离较远，更常见的是使用半潜驳船（图 1.22 和图 1.23）。半潜驳船通过调整船身压载水量，潜入水下一定深度，待需装运的钻井平台拖曳到驳船甲板上方时，排出半潜驳船压载水舱的压载水，使船身连同甲板上的承载货物一起浮出水面，之后就可将钻井平台运至新的位置继续进行作业。

图 1.22 通过半潜驳船运输自升式平台

图 1.23　通过半潜驳船运输钻机

1.6.5　半潜式平台

半潜式平台在 20 世纪 60 年代早期投入使用，此后得到了大力地研发。这些钻井平台能够在浅水处航行，到达位置后灌入压舱水，以提高其在波涛汹涌的海面上的稳定性。钻井平台采用星型锚泊定位（通常有 8 个或 12 个锚）或动力定位（DP）。

该平台的上部与自升式平台非常相似，但有 3 个重要的不同点。

（1）钻井井架需要补偿钻机相对于海底的垂直运动。

（2）半潜式钻井平台的防喷器位于海底。因此，它们的部署、操作和维护方式与自升式钻井平台不同。

（3）海底井（即半潜式钻井平台）的井口位于海床，而不是海面。

较新型的半潜式钻井平台、自升式钻井平台和钻井船往往配备双活动井架（图 1.24 和图 1.25）并在一个甲板下有能够在钻杆和井架中心的防喷器活动的附加设备，这样就可以同时进行作业，比如在组装钻井钻具的同时下入隔水管。每个井架都配有一套自己的钻井人员。

半潜式钻井平台和钻井船都有月池，月池是在钻台下向大海开放的区域，用于操作大型设备，如防喷器和海底采油树。它容纳了需要维持张力作用下的隔水管系统，同时适应船舶的运动、升沉、偏航和横摇。

与其他类型的钻井平台一样，新型半潜式钻井平台的建造往往是在"波动"中进行的，这与高油价和钻井承包商对市场的乐观情绪相对应。因此，半潜式钻机可分为若干代，各代半潜式钻井平台对比见表 1.5。

图 1.24   第六代半潜式平台

图 1.25   双活动井架

表 1.5　各代半潜式钻井平台对比

代	作业水深，ft（m）	时期	2018 年通常日费，10^3 美元/d
第一代	600（200）	20 世纪 60 年代早期	无可用数据
第二代	1000（300）	1969—1974 年	无可用数据
第三代	1500（500）	20 世纪 80 年代早期	无可用数据
第四代	3000（1000）	20 世纪 90 年代	150
第五代	7500（2500）	1998—2004 年	200
第六代	10000（3000）	2005—2011 年	250

　　设计半潜式平台时要考虑最大作业水深、最大甲板载荷和上层甲板设备。一些半潜式钻机和钻井船装备了动力定位（DP）系统。通常包括 4~8 个电动机/螺旋桨方位角推进器，可以 360°旋转。螺旋桨是固定的或可变螺距的，可作为单一组件进行替换（图 1.26）。它们由计算机系统控制，该系统接收来自全球定位系统（GPS）、海床上的信标和其他传感器的信息，以使钻井平台在任何时候都能克服水流和风力，使油井位置固定。这些系统的高可靠性对于此类钻井平台的成功部署至关重要。动力定位系统还可以使钻机根据海况或风况天气变化进行调整，以最大限度地减少垂荡和横摇。钻井船（详见 1.6.6 节）和其他油田船舶，如大型供应船、浮式生产储卸装置（FPSO）、潜水支援船（DSV）和重型起重船使用类似的技术进行定位。

图 1.26　全回转推进器

为了减少在非常恶劣的天气、严重的井控紧急情况或与另一艘船发生碰撞的风险，半潜式钻井平台（和钻井船）要能够以安全的方式与油井断开连接。

1.6.6　钻井船

与半潜式钻井平台相比，钻井船有许多优点：它可以在不同地点之间更快地移动，并具有非常显著的甲板装载能力。这意味着在不补充供应的情况下，可以钻一整口井，甚至是几口井。修井船的缺点是：由于其船体设计（图1.27），相比于半潜式钻井平台，它对气象和海况条件更加敏感。

图1.27　双活动井架钻井船

1.6.7　连续管钻机

在本章后面我们将清楚地看到，常规钻井通常采用钻杆自地面向下进行旋转钻进。目前所讲述的所有钻机都采取这种作业方式。在过去的20~30年里，引入了另一种基于非旋转连续钢管的钻井方法，称为连续管钻井（CTD）。如图1.28所示，CTD钻机通常是由卡车装载的。

主要部件有：

（1）连续管：通常直径为 $1\frac{1}{2}$ ~3 in，长度可达15000ft；

（2）注入头：能够克服压力或摩擦阻力将连续管推入井内；

（3）自封芯子：密封连续管和井口之间的空间；

（4）防喷器（BOP）：可在紧急情况下密封油井；

（5）吊车：能够吊起上述（2）~（4）项设备；

（6）动力装置：使连续管进出井；

（7）控制室：供作业人员实现动力和控制功能。

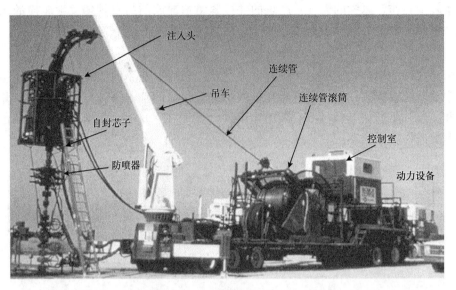

图 1.28 连续管钻机

这些部件将在本章后面介绍。

海上钻井平台上也部署有连续管作业机,用于完井、增产、射孔和修井等非钻井作业。与常规钻井设备相比,连续管作业机的成本更低,人员更少,作业机近期发展表明其作业能力正在提高。

图 1.29 所示为常规钻机上安装的连续管设备。

图 1.29 装配在陆地钻机上的连续管设备

1.6.8　带压起下钻作业装置

　　带压起下钻作业装置是一个类似钻机的装置，用以在井口承压的情况下起下管柱。如果由于管柱失效而无法使用循环压井液进行压井，则可能需要修井。由于管柱自身重量不足以克服井内高压，通常需要用液压油缸将管柱推入井内，直到井眼内的管柱达到一定重量足以克服井内压力。为了密封管柱环空，使用了一系列的密封闸板和防喷器，其操作必须与液压闸板同步。防喷器总的"堆叠"高度可能非常高（图1.30）。

图1.30　带压起下钻作业装置

1.7　钻机功能

　　钻机具备以下4个基本功能：
　　（1）起升和下放——管柱进出井筒；
　　（2）旋转——旋转钻柱用以钻进；
　　（3）循环——将钻井液沿钻柱内下行泵入井内，并从井中返出；
　　（4）控制压力——防止油井发生溢流。

图 1.31 展示了钻机的基本结构。钻机垂直放置将钻井眼上方。钻机包含通过一系列组合连接至地面的钻柱，以及安装在钻柱上的用以钻进的旋转钻头。钻柱允许钻井液循环并将通过钻头钻进产生的岩屑排出。

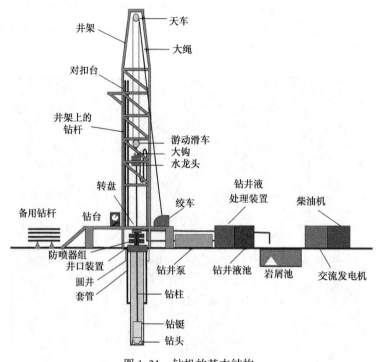

图 1.31　钻机的基本结构

1.7.1　上提和下放

为了将钻头下入井中，需要一个井架，井架通常是一个由螺栓连接在一起的钢梁组成的垂直塔架，位于钻台的上方。钻头还可通过井架上提至地面，以便在有磨损时更换。这个将钻头起出并重新下入的过程称为"起下钻"。当起出钻柱时，钻杆螺纹旋开并在井架上保持垂直摆放——这一过程称为"立根排放"。

在钻机基本结构中，采用滑轮组来提升和下放钻柱——天车安装在井架顶部，游动滑车在井架间垂直上下移动。游动滑车上有一个大钩，可以与钻柱连接或断开。天车和游动滑车一般由 4~8 个滑轮组成，钢丝绳（即钻井大绳）串连着滑轮。钻井大绳一端与绞车上的宽滑轮（或滚筒）相连，滚筒根据需要将钻井大绳卷进和放出，以升降游动滑车。钻井大绳另一端由死绳锚固定在钻台上。该装置提供传动装置，使绞车上的张力小于钻柱的重量，减小钻井大绳的尺寸，并对钻柱运动进行更为精细的控制。

绞车由一个或多个电动转向器驱动，配有一个或多个制动系统和一个将钻井大绳正确地卷绕到卷筒上的系统。这个装置安装在钻台上。电动机用于提升钻柱，刹车用于控制钻柱下降的速度。刹车系统也是通过调节钻头的垂直载荷（即钻压，WOB）来控制钻井过程的重要部件。

钻柱上的载荷由固定在死绳锚上的传感器进行测量。井架上装有各种传感器，用于测量移动滑车的位置，防止其与井架顶部或钻台碰撞。由于钩载和行程对钻井大绳的磨损，需要利用死绳锚对钻井大绳进行定期更换。井架设备如图 1.32（a）至图 1.32（e）所示，非顶驱钻机的大钩布置如图 1.33 所示。

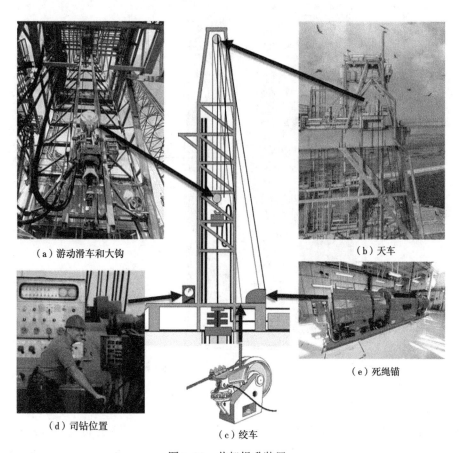

（a）游动滑车和大钩　　（b）天车　　（d）司钻位置　　（c）绞车　　（e）死绳锚

图 1.32　井架提升装置

　　井架固定在大型钻机上，但小型设备可以在移动钻机时伸缩。所有的起重设备都需要定期检查并核查，以确保没有松脱的部件掉落而使平台上的人员受伤。在许多情况下（比如半潜式钻井平台和钻井船），游动滑车在井架结构的垂直轨道运行来防止可能出现的不可控横向运动，例如海面上由钻机运动引起的横向运动。如果钻机安装了顶驱，还需要将钻柱扭矩传递到井架上。

　　井架需要承受钻柱或井中使用的其他设备的垂直载荷、风产生的侧向载荷以及在某些情况下钻柱旋转产生的扭转载荷。井架内部提供了设备，供船员（井架工）旋开钻柱，立根排放和维护设备。用于立根排放的立柱通常是用 2~4 根钻杆通过螺纹连接在一起。在寒冷气候下，井架是密闭的，以保证适宜的工作环境。

　　轻型钻机采用桅杆式井架而不是塔式井架。在平面图上看，塔式井架环绕着井口中心，而桅杆式井架是偏向一侧竖立的。桅杆式井架一般较轻，设计更容易扩展；当然，它需要适应造成结构弯矩的偏置荷载。

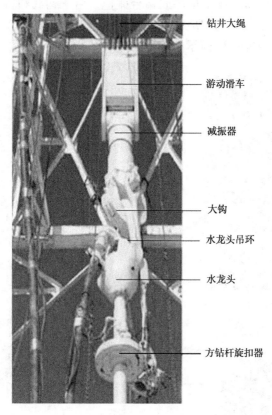

钻井大绳

游动滑车

减振器

大钩

水龙头吊环

水龙头

方钻杆旋扣器

图 1.33　大钩布置（非顶驱）

1.7.2　旋转

所有钻机的一个基本要求是旋转钻头从井底切割岩石。钻头转速（r/min）和钻压（WOB）是决定钻井效率的关键参数。在大多数钻井中，整个钻柱需要从地面旋转才能驱动钻头转动。

过去，钻柱是由安装在钻台上的转盘带动旋转的，而转盘由电动机驱动。转盘转动方钻杆补心，方钻杆补心带动钻柱中横截面为六角形的方钻杆转动。这种布置允许钻柱旋转，同时允许钻柱垂直移动。这可使钻头在旋转的同时向下钻进（图 1.34 和图 1.35）。

转盘可设置为顺时针或逆时针旋转，并可根据速度进行调整，并配有传感器来测量转速和施加到钻柱上的扭矩。钻柱本身通常是顺时针方向旋转的（从上向下看），通常称为向右旋转。

过去 20 年一个重要的发展是，除了最简单的钻机外，顶驱系统几乎在所有钻机上都得到了普遍应用。它用一个悬挂在大钩和钻柱顶部之间的驱动系统取代了转盘。顶驱（图1.36）可以是液压驱动的，也可以是电动驱动的（更为常见）。它们可以在任何时候直接旋转钻柱（例如起下钻和下套管时），使钻具不受接单根（2 根、3 根或 4 根钻杆组合）的干扰持续钻进。

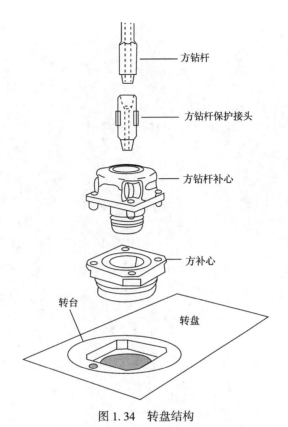

图 1.34 转盘结构

图 1.35 转盘驱动方钻杆

图1.36 顶驱系统

1.7.3 循环

正如我们所看到的，钻机的一个基本要求就是在井中循环钻井液。本章后面将介绍钻井液。这里，请注意以下对钻井液的基本要求：

(1) 携带岩屑;

(2) 增加钻头的钻井动力;

(3) 清洗井底;

(4) 冷却钻头。

在大多数作业中，钻井液在一个封闭的系统中进行循环，因此钻井液基本上是可以连续重复使用的。

循环系统包括以下各部分（见图1.37）：

(1) 钻井液池和钻井液混合系统;

(2) 钻井泵;

(3) 立管/水龙带;

（4）水龙头；

（5）钻柱；

（6）井眼；

（7）钻井液返回管线；

（8）振动筛和固相分离设备；

（9）储存和岩屑池。

钻井液由水或油配制而成，并添加化学物质以提供并保持钻井计划中规定的钻井液特性。这些化学品可以以粉末的形式用罐车或卡车散装、麻袋装或桶装。通常，料斗用于添加化学物质，泵用于输送来自主循环路径的钻井液。

钻井液池由一系列连接在一起的金属罐组成，它们之间有阀门或隔板，并用泵进行循环。通常，每个罐都配有一个由电动机驱动的搅拌器，每个罐都有一个或多个液位传感器，以便随时测量液体的体积。格栅覆盖在每个罐的顶部，以便进行目视检查和取样测试。有些罐存放使用在循环系统中的钻井液（有源系统），有些罐则存放备用液体。钻井液从有源系统的底部抽出，泵入主钻井泵。

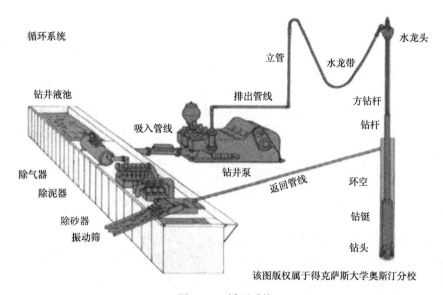

图 1.37　循环系统

钻井泵可以增加液体在井内循环所需的流体压力。通常，钻井泵是三缸往复设计，称为三缸泵（见图 1.38）。这使得压力可以达到 5000~7500psi，同时减少系统中的压力波动。通过在泵的出口和进口侧使用脉动减振器（一种气波纹囊），可以进一步减少压力波动。泵具有以下特点：

（1）处理含有高比例（研磨性）固相的液体；

（2）允许固体大颗粒（通常是失水材料）通过；

（3）操作和维护简单，井队可以在现场更换缸套、活塞和阀门；

（4）采用不同的缸套和活塞通径，能够泵出各种流量和压力的流体。

通常，2~4 个泵作为备用，以便在循环过程中进行重新配置和维修。

图 1.38　三缸泵

钻井液从钻井泵泵出，通过立管管汇到井架的立管上，然后通过高压软管经水龙头进入钻柱。水龙头悬挂在井架上并旋转，钻井液通过水龙头进入钻柱。

此后，钻井液进入钻柱内向下流动并通过钻头。在钻井过程中，钻井液流动会产生压力损耗，钻井液会携带钻井过程中产生的岩屑从钻柱和已钻成的井眼之间的环空向上返出。钻井液一旦返回到地面，就会通过钻井液返回管线和振动筛（用于去除钻井岩屑），以常压回到钻井液池。

钻出的岩屑被分流到岩屑池中。在陆地上，为了防止地面污染，岩屑池通常建在钻机旁边的地面上。油井完井后，岩屑可就地埋填，更常见的是先移出井场，在可控的情况下进行处理。

还有许多其他设备连接到循环系统上用于钻井流体的处理。

振动筛由一系列可选网格的钢制滤网组成。通过振动去除钻井液中的大部分岩屑。钻井液中的气体可以通过钻机上的气体提取系统从振动筛周围的工作区域中除去。井场地质学家从振动筛上取样用于分析。

除砂器和除泥器依靠其内部圆锥体部分产生的离心效应来清除钻井液中的砂。离心机包括一个从钻井液中分离最低密度固体的转筒。除气器是一个真空容器，形成部分真空用以将溶解在钻井液中的气体抽出。后一设备不用在主流道上，而是用在有源系统的钻井液池上。

循环系统有一定的灵活性。例如：如有需要，可进行反循环。即液流从环空向下而从钻杆内向上返出。

同时，压力和流量是通过循环系统周围的大量传感器进行测量的。当起下钻柱时，一个重要的考虑因素是要保持井内充满钻井液，但不允许流动。此时要用钻井液补给罐用来监控流体变化。司钻的一项重要职责就是确保补给罐液位的变化与从井中移出或流入井中的钻柱的容积完全一致。

1.7.4　井控

钻机的第四个也是最后一个主要组成部分是井控。其目的是采取措施，避免井内流体以不受控制的方式流出。井控失效事件会导致严重的人员伤害、设备和声誉损失以及严重的环境破坏。

油井可看成一个压力系统。如果井内压力过大，就有发生泄漏的危险。油井和钻机设计所采用的安全系数，是为了检测可承受的最大预期压力。为了保护油井，必须设置屏障。在作业过程中，任何时候都必须设置至少两个屏障。屏障包括足够密度的钻井液、防喷器、阀门组、套管和水泥。

最简单的井控元件称为分流器系统。该系统用于井的浅层段，即钻井作业开始阶段。它并不是一道屏障，而是将钻井液、烃类流体油气以一种可控的方式移出钻井平台，使钻井平台上的人员安全离开该区域（图 1.39）。

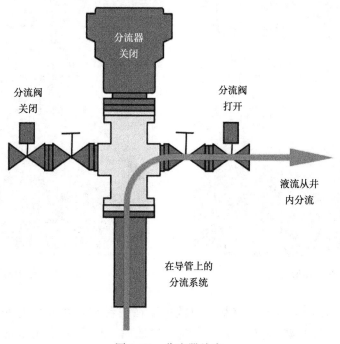

图 1.39　分流器总成

该分流器有一个橡胶元件，该橡胶元件的作用是封闭井眼和钻柱之间的环空，同时打开阀门，允许流体从钻机下沿钻杆流到岩屑池或船外水中（如果在海上）。分流器管道必须是大直径的，以允许流体快速流动和地层之间形成最小压降。

防喷器本质上是一系列阀门，设计用于在井中有不可预见的流体流出时关闭油井。它有两种基本类型——闸板式防喷器和环形防喷器。后一种防喷器更像上述的分流器，它有一个橡胶元件，可封闭钻柱周围的环空空间。这些防喷器压力等级为 2000~10000psi，它们可以密封各种直径的钻柱，还允许在某些受控的井控条件——压力低于防喷器额定压力下，带压起下钻柱通过这些防喷器（图1.40）。

闸板防喷器（图1.41）由一对液压驱动的闸板组成，用于封闭钻柱周围，并保持压力低于额定压力（5000~20000 psi）。闸板通常设计成适用于特定的钻杆尺寸。即便有些闸板防喷器（如变径闸板）可适用于不同尺寸的钻杆，但其适用范围仍要小于环形防喷器。剪切闸板用于在紧急情况下对钻柱进行剪切，全封/剪切闸板用于在紧急情况下对整个井筒截面进行剪切和密封。通常，闸板防喷器和环形防喷器组合在一个成套设备中——称为防喷器组。闸板防喷器容许钻柱移动，但首先要保证安全可靠。

图1.40　环形防喷器　　　　　　　　　图1.41　闸板防喷器

防喷器通过液压或电液进行控制，通常可以在钻台和井场办公室等多个位置进行操作。蓄能器系统（图1.42）允许在电控系统失效时，依靠压缩气体完成防喷器控制操作。陆上钻机、自升式钻井平台或基于平台的作业通常使用一个环形防喷器和三个闸板防喷器。在这些设备之间连接管道和阀门（称为节流管汇和压井管汇），以实现井内循环（图1.43）。

半潜式钻井平台和钻井船进行钻井作业时，井口通常位于海底，这就需要一个更复杂的防喷器组。防喷器在钻井平台的隔水管上运行，包括一个断开装置，以便在紧急情况下钻井平台可以离开现场。防喷器也可远程连接到井口。由于涉及水深，需要更复杂的控制系统，以确保快速和可靠的运作。在这些应用中，使用了2个环形防喷器和4~6个闸板防喷器，并在海床上增加了蓄能器的容量。在某些情况下，可以使用遥控水下机器人（ROV）对防喷器进行操作。

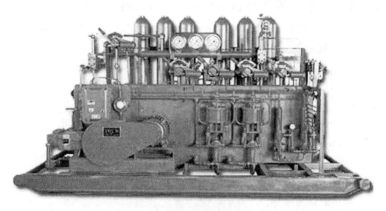

图 1.42　防喷器液压控制单元

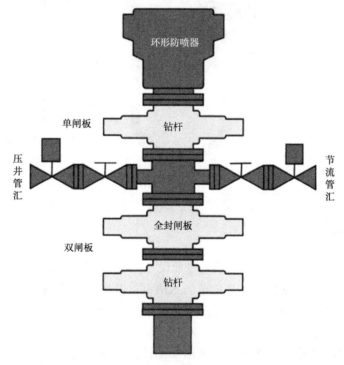

图 1.43　防喷器总成

在钻柱内部向上流动是不常见的,可以通过在钻柱内使用止回阀来防止这种情况的发生。这个应用在钻柱内部的阀件称为内防喷器（IBOP）。

当司钻判断油井处于紧急情况时,必须立即做出的关井的决定,最大限度地减少液体流入井筒。他将通过目测或使用各种仪器来确定井底的流量和（或）井底钻井液总量的增加。通常情况下,闸板防喷器会关闭,钻柱提离井底,使其重量落在闸板上。

井涌循环的过程是很明确的,司钻和他的主管在井场已经进行了大部分计算（并在压井施工单上注明）。压井包括通过控制环空压力使溢流循环出来,以保持恒定的大于孔隙压力的井底压力。液流不是通过振动筛和钻井液池,而是通过管汇和节流器,然后通过液气分离器(图1.44),使钻井液中的任何气体在返回钻井液池之前得到释放。节流器由钻台上的仪表盘远程控制,包括一个用于调节流体流动的阀门。

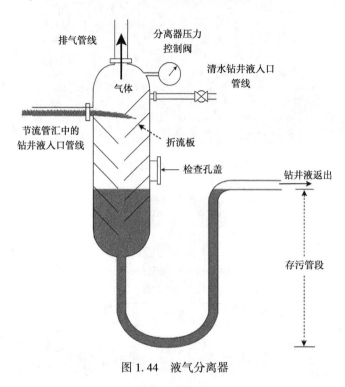

图1.44　液气分离器

1.8　钻台设备

　　一个典型的钻台包括许多支持作业的专业设备。早期的钻井平台开发是在北美进行的,因此许多用于描述作业、设备和人员角色的术语都是基于美国人的生活,比如鼠洞、狗屋(井场值班室)、猫头和红脖子(美国南部未受教育的白人劳工)。在本节中,我们将介绍钻台的一些典型特征。

　　司钻是钻台作业的中心。他负责钻机的安全操作,并对其他工作人员负责。他还对下入井中的所有工具参数负责,包括钻柱长度、外径(OD)、内径(ID)以及底部钻具组合部件的剖面。所有钻杆的内径(ID)用通井规从井架上的立管中下放进行检查。

　　卡瓦是一组楔形工具,它放在钻台的转盘上,用于定位钻柱并支撑钻柱。卡瓦的尺寸与钻柱外径(OD)相适应。钻井人员按照司钻指令安装或移除卡瓦(图1.45)。吊卡用于从吊钩上支撑钻柱顶部。卡瓦或承重肩有几种不同的支撑方法。吊具由吊钩支撑,吊钩由连接在吊环上的半圆形拎环(短的支撑杆)支撑。吊环分为两个半环,通过铰链连接在一起,可以与钻柱连接或脱离。图1.46所示为一种用于下套管的吊卡。

　　管柱进行上扣和卸扣(称为装配连接和卸开连接)需要使用一些设备加持管柱并施加所需的高扭矩。链钳是最简单的手动装置,仅限2人或3人操作,故扭矩受限。多年来,

图 1.45　人工安装卡瓦

旋链用来快速连接，但其危险性很高。现今的基本方法是用装卸钳夹住钻杆本体，并用钢丝绳将绞车猫头拉到一侧；另一个钳子与钻台固定并施加反向扭矩，通过载荷传感器来指示所需的扭矩。现代钻机装备了"铁钻工"，它包含两个大钳，其中一个大钳用于固定，而另一个大钳通过远程控制，施加所需扭矩（图 1.47）。这台机器可以根据需要上下移动钻

图 1.46　自动下套管工具

图 1.47　铁钻工

图 1.48　立根排放

柱。这些操作和其他操作的重点是尽可能自动化，减少人员接触到的作业风险概率。

如前所述，钻杆通常储存在井架上（称为立根排放），方便完成将钻头从井中提出更换这样的作业（图 1.48）。过去，钻柱都是分段拧开的，然后移到井架一侧，将管子的上端固定在井架指板上作为支撑。这个操作需要一个技术熟练的工人（井架工）在井架上 100ft 高的地方手动完成。较新的钻机设计有自动排管系统来管理这些动作并跟踪钻杆库存。

当需要将新管柱送入井架时，自动化系统将取代人工进行管柱处理。在将管柱装上井架之前，要在一个称为管甲板的水平区域对其进行组织、测量和检查。在陆地钻机上，排管区域与卡车运输管柱的区域相邻，通常是用起重机或叉车装载。

在钻台上使用一组绞车进行一般的起升作业，绞车由压缩空气提供动力。

图 1.49 和图 1.50 分别显示了老式和新式的司钻控制台。

图 1.49　老式司钻控制台

图 1.50　新式司钻控制台

　　由于钻台及其附近区域存在油气泄漏的风险，因此所有配备的电气设备必须都是安全的——也就是说，禁止使用日常电器和电子设备，以免产生可能引起点火的火花。大多数电器都封装在外壳里，在高压下通过空气持续净化。

1.9　钻柱部件

　　钻柱具有下列用途：

　　（1）驱动和回收钻头以及其他部件入井和出井；

　　（2）调整钻压；

　　（3）为钻井液形成循环通道；

　　（4）提供刚度以保证钻头按要求的方向钻进。

　　从 20 世纪 40 年代到 70 年代，高强度钢在钻柱中的应用促进了钻井作业的重大发展。

　　采用方钻杆钻井时，钻柱的基本部件如图 1.51 所示。

　　我们已经介绍了转盘以上的大多数钻柱部件。水龙头通过大钩支撑钻柱，同时允许钻柱旋转。方钻杆旋塞包含一个阀门，钻柱中液流失控的情况下，此阀门可封闭钻柱。

　　在钻台下面，钻柱主要由钻杆组成（下面有更详细的介绍）。钻头上部安装若干根钻铤，它们是底部钻具组合（BHA）的一部分。钻铤是一种厚壁钢管，可提供钻进所需的钻压。其设计目的是在受压状态下旋转（与通常处于拉伸状态的钻杆相反）。拉力载荷图见图 1.51 的右侧。在整个钻柱中，主要部件通过接头连接，这样在下入和上提钻柱时，接头的

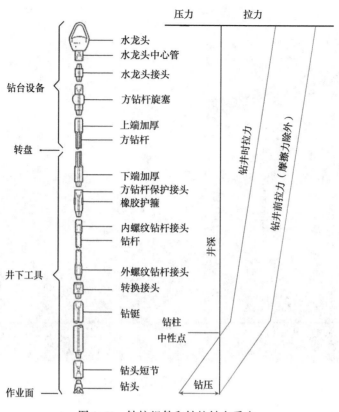

图 1.51　钻柱组件和钻柱轴向受力

关键螺纹连接可以保持钻柱的完整性。转换接头用于不同直径的管柱或不同类型的螺纹之间。

在钻柱构件之间采用螺纹连接。该连接必须能够承受拉力、弯曲载荷和内压力，同时密封泵入的钻井液。这些螺纹有外螺纹和内螺纹，并依靠金属对金属密封面密封，而不采用弹性体密封。每个连接的紧扣扭矩由司钻规定并严格管理，并且在连接时手动添加油脂（称为管道粘接剂）进行润滑。

钻柱有各种长度和内外径。一根钻杆的长度通常为 30ft 或 40ft，外径为 $3\frac{1}{2} \sim 6\frac{5}{8}$in。常用钻杆尺寸外径为 5in，内径为 4.276in，相当于线重为 19.5 lb/ft。钻杆分为不同等级（如 E，X，G，S），以反映钢的不同屈服强度。钻杆是在工厂内通过在基础钢管的两端焊接工具接头制成的。工具接头的外径略大于钻杆本体外径（称为外加厚，EU），为夹具的应用提供了一个表面，以施加装卸扭矩。钻杆接头表面通常均匀地涂有硬质合金等耐磨材料，以防止在井筒内过度磨损。钻杆规格详见 API 标准，参见图 1.52 和图 1.53。

钻铤的外径范围从 11in 到 $3\frac{1}{8}$in，典型尺寸为外径 8in，内径 $2\frac{13}{16}$in，线重为 151 lb/ft。钻柱的弯曲与旋转相结合，疲劳失效风险较大；这种连接是专门为这种情况而设计的，但是在钻铤的制造过程和整个使用寿命期间，都要频繁地进行无损检测（NDT）和质量保证检查。钻铤的外表面通常有螺旋槽，这是用来降低由于钻铤尺寸大，在钻铤和井眼内壁之

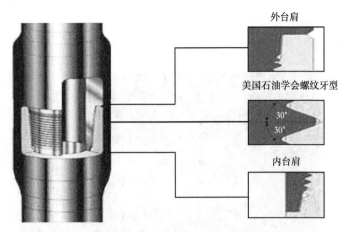

外台肩

美国石油学会螺纹牙型

内台肩

图 1.52　钻杆连接——瓦卢瑞克钢管公司注册的 VAM 扣（VAM®）冷拉钢商标（CDS™）

图 1.53　钻杆工具接头

间发生的压差卡钻风险（图 1.54）。测量井的方位（见下文）通常需要使用一个或多个无磁钻铤，它们是由（昂贵的）不锈钢制成的。

1.9.1　底部钻具组合（BHA）

实际上，底部钻具组合（BHA）通常比上文描述的更为复杂（图 1.55）。通常，它还包括多个组件，其作用是：

（1）为钻头提供井下旋转动力；

（2）保持钻柱稳定；

（3）方位控制；

（4）地质导向；

（5）钻头动力学控制；

（6）测量系统。

图 1.54　螺旋钻铤

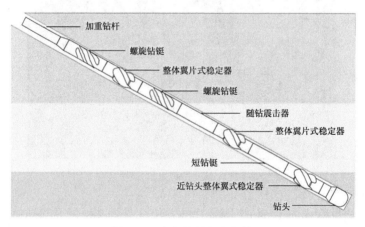

图 1.55　底部钻具组合部件

这些组件提供以下附加功能：

钻井震击器：它是一种可以将钻柱向上拉力的变化转化为脉冲或震击作用，以便在钻柱被卡住时使钻柱解卡的工具。它包括液压活塞装置。震击器在井中工作一定时间后需要进行检查。

钻柱稳定器：它是围绕在底部钻具组合（BHA）周围的一组叶片。其外径接近于井筒内径（图 1.56）。它具有螺旋形结构，以避免压差卡钻，同时为钻具组合和井筒之间的钻井液流动提供流道。钻柱稳定器使底部钻具组合在井眼内居中，保持井眼畅通，并使井眼保持垂直或按任何特定方向钻进。安装在底部钻具组合上的安装钻柱稳定器的尺寸和位置的精确性是非常重要的。通常，底部钻具组合（BHA）上使用 1 ~ 5 个钻柱稳定器。

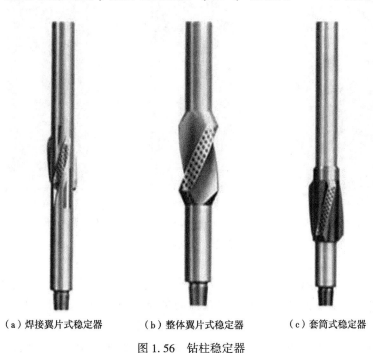

（a）焊接翼片式稳定器　　　　（b）整体翼片式稳定器　　　　（c）套筒式稳定器

图 1.56　钻柱稳定器

钻柱浮阀：用于底部钻具组合的底部，钻头上方的阀门。该阀门可防止在发生油气泄漏的情况下，阻止油气自钻柱向上反流。它包括一个阀瓣或柱塞，由钻井流体推动并保持开启。当流体停止流动或试图向相反方向流动时，阀板关闭并保持下方的压力（图 1.57）。

随钻测量工具（MWD）：随钻测量工具在下文有更详细的介绍。该工具由不锈钢制成。工具内部安装有各种电子工具来测量井筒的方向（方位角和井斜角）并选择井下钻井参数，如钻头转速和扭矩、钻压、井下振动和底部钻具组合的内外压力。这些数据通常应用钻井液脉冲遥测实时传输到地面并储存，以便以后的数据检索。随钻测量工具的方向数据用于决定钻柱的导向位置，优化钻井作业过程，提高钻速（ROP）或增加井筒稳定性。

随钻测井工具（LWD）：随钻测井工具与随钻测量工具相似，不同之处在于它可以提供钻遇岩石的岩石物理性质数据，这些岩石物理数据通常包括伽马射线（GR）、电阻率、孔隙度和密度等。随钻测井工具通常安装在尽可能靠近钻头的位置，以便在钻完井后尽快收集数据。在实际钻井时获得这些信息，可以实时决定如何控制井眼、下套管、取心等。

井下马达和涡轮：井下马达和涡轮是通过钻井液流动产生动力，从而旋转钻头的工具。在使用井下马达的情况下，当钻井液流过时，不锈钢转子在弹性定子内转动。涡轮依靠钻井液对一系列转子的冲击。一般来说，涡轮为钻头提供更快的转速（适用于金刚石钻头），而井下马达为钻头提供更大的扭矩。

（a）活瓣式（G型）　　　　（b）柱塞式（F型）　　　　（c）整体折流板式（FBP）

图 1.57　钻柱浮阀

旋转导向系统：旋转导向系统自 20 世纪 90 年代早期不断发展。它包含大量技术可以"引导"或"推动"钻头向某个方向前进。导向是通过一组垫块以可控的方式反推井壁或弯曲钻柱来实现的。通过地面设备指令控制液压油来驱动垫块进行实时控制。此外，还设计了各种降低成本的工具，例如：使用随钻测量数据和井下计算，在井眼偏离垂直方向时进行补偿，从而实现完全直井钻进。

在过去的 20 年里，MWD/LWD、井下马达、旋转导向系统（以及长寿命钻头）的结合彻底改变了钻井技术。在最复杂的装置中，油井可以通过地质导向，使井眼（理论上为水平井眼）保持在特定的地层中。地质导向要求在地质预测的基础上对岩石物理和井筒位置数据进行地面解释。在钻井过程中，需要确定钻井方向，使井眼保持在要求的地层中，或者在某些情况下，使井眼保持一个固定的距离上，如与油藏中的油水接触点。

现在，这种技术可以钻出非常复杂的井眼。本章后面的例子将对此做进一步解释。

1.9.2　钻头

在钻柱的所有组件中，钻头是最重要的。早期的钻头依靠"冲击"进行钻进，即冲击式钻井，即反复上提和下放钻头破岩。清除井底岩屑和钻井作业交替进行。

20 世纪初，发明了旋转钻头，至今仍在广泛使用。其基本设计基于三个"牙轮"，这三个"牙轮"本质上是在一个斜轴上旋转的装齿轮子（图 1.58）。牙轮旋转轴可发生滑动偏移。因此，当钻头转动时，牙轮本身也在转动，牙轮上的牙齿切削破碎井底岩石。由此产生的岩屑在钻井液的作用下从岩石表面冲到井眼环空。通过钻头喷嘴，钻井液直接作用于岩屑表面和牙轮。

针对某些岩石类型设计了专门的钻头。上述牙轮可以用淬火钢加工，也可以采用诸如碳化钨等硬质合金等镶嵌加工而成。现代钻头采用密封轴颈或滚柱轴承。钻头的设计是为了优化机械钻速（ROP）和使用寿命。如果钻头只能钻进很短的距离，这显然不能不令人满意。一个重要的原则是不能在井内留下钻头碎屑——有时候牙轮会从轴承上脱落并留在井内（通常称为落鱼）。鉴于打捞牙轮落鱼的困难性，最好避免钻头掉落。当钻头磨损（或"磨钝"）时，机械钻速降低，此时需要起钻并更换钻头。严重磨损的三牙轮钻头如图 1.59 所示。如果可能的话，尽量使用一个单独钻头完成单个井眼尺寸（例如 $8\frac{1}{2}$in）钻进。钻头在达到指定的磨损程度前，可以反复使用。

　　钻头上安装了不同尺寸的喷嘴，以最大限度地提高钻头水功率（HHP）或射流冲击力，从而优化钻井性能。这些喷嘴是在钻头工作之前，在地面完成安装的。

　　目前，有一套描述钻头特性和磨损程度的工业标准。

图 1.58　三牙轮钻头

图 1.59　严重磨损的三牙轮钻头

　　其他常见钻头类型有孕镶金刚石钻头和聚晶金刚石复合片（PDC）钻头（发明于 20 世纪 80 年代），如图 1.60 和图 1.61 所示。在这些类型的钻头中没有活动部件。这些钻头是用人造或真实金刚石制成的复合固定的切削原件镶嵌在钢制本体中制成的。钻头体的几何形状包括从钻井液流道和岩屑脱离岩石表面的凹槽。刀具通过刮削来破碎井底岩石。

选用何种钻头先型和钻井参数选择是基于以下标准：

（1）钻头成本；

（2）钻机成本/性能；

（3）地层；

（4）情报要求（例如：需要大量岩屑用于分析）；

（5）钻头寿命；

（6）开发过程；

（7）之前的钻头状态。

图1.60 金刚石钻头

图1.61 PDC钻头

通常，一个12¼ in三牙轮钻头的价格是1万美元，而一个同尺寸的PDC钻头的价格是5万美元，同尺寸的孕镶金刚石钻头的价格可能为10万美元。

取心钻头：取心钻头是用来钻取"岩心"的工具。岩心是一段连续的岩石试样。取心过程将在地层评价部分进行叙述。该钻头中心有一个大的中心孔，可以"吞下"岩心，并将岩心带到地面（图1.131）。

扩眼器：扩眼器是一种可下入较小的井眼中，并将井眼扩大到更大直径的钻头。之所以这样做，是因为在较小的井眼中，岩石物理测井的质量更高，而要在地层中钻得更深，则需要较大的井眼。通常，扩眼器可以下到12¼ in的井眼中扩眼，扩眼直径可达26 in，允许下入20 in的套管。图1.62为一个典型的扩眼器。

管下扩眼器：它与扩眼器很相似，如图1.63所示。但它拥有更大尺寸，从工具本体中伸出臂形件进行切削。通过泵入工具的钻井液的液压能量来完成工具操作。臂形件外面装有聚晶金刚石复合片切削工具，喷嘴为切削表面提供流体。管下扩眼器的一个优点是，在扩眼臂伸出之前，扩眼器可以穿过较小的套管。如有需要，可以将下面的井眼扩大到更大的直径。例如，在下入膨胀套管时。当停泵时，臂形件未缩回，导致工具无法恢复，就会出现问题。

图 1.62　扩眼器

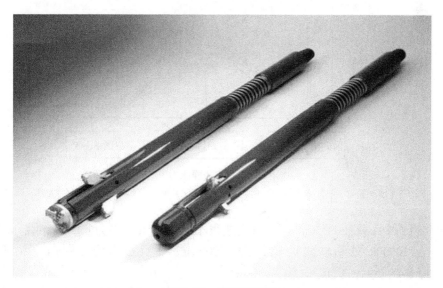

图 1.63　管下扩眼器

1.10　油井流体静力学

对于油井工程师来说，了解井内的静压力是至关重要的。

流体静压力可以用工程单位表示。

$$p = \rho z$$

式中　p——井底压力，psi（lbf/in^2）；

　　　ρ——流体压力梯度，psi/ft；

　　　z——井的垂深，ft。

同样，还需要考虑钻井液沿钻柱向下、流经钻头和沿环空上返的摩阻压降。钻井泵的泵压的增加是为了抵消这些摩阻压降的。这些影响如图 1.64 所示。

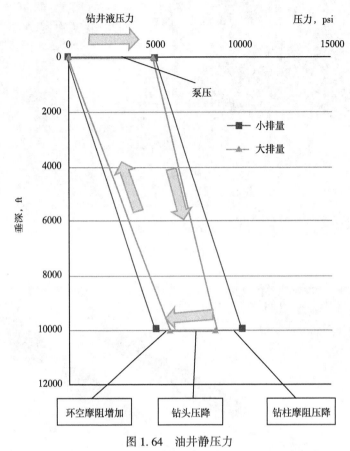

图 1.64　油井静压力

在这个例子真实模拟了不同钻头的喷嘴尺寸，泵压为常量，而实际上流量增加通常会使泵压增加

在这个例子中，泵压为 5000psi。当流速很小时，摩阻几乎为零。当钻柱压力梯度为 0.5psi/ft，在 10000ft 处钻柱内的压力为 10000psi。环空压力为 5000psi，钻头压降为 5000psi。

钻井液流动受到阻碍产生摩阻压降。如果流量增大，摩阻也将增大。由于钻柱内摩擦力的作用，10000ft 处的钻柱内压力将会下降（本例中下降 1500psi）。而在环空压力会增加（本例中增加 750psi）。这样，钻头压降会随之降低（本例中从 5000psi 下降到 2750psi）。

钻井液与地层之间的摩擦使环空压力增大，该压力可以用当量循环密度（ECD）来表示。在本例中，ECD 为 0.5psi/ft（钻井液压力梯度）+750psi（摩阻压降）/10000ft（深度）= 0.575psi/ft。ECD 很重要，因为它通过过平衡抑制地层孔隙压力，地层孔隙压力经常保持在 200~500psi。如果 ECD 过大，会发生地层漏失。如果 ECD 超过地层破裂强度将导致地层破裂。这些都是重要的考虑因素，特别是在高温高压井（HPHT）中，压力安全余量很小。ECD 可通过下列条件降到最小。

（1）尽量增大环空的截面积；

（2）降低钻井液的黏度；

（3）降低泵的排量（但要保证井眼清洁）。

1.11　基础井钻井

如何钻一口基础井？在最基本的层面上，这是由下列标准决定的：

（1）目的井深；

（2）所需的最终井眼直径；

（3）地层孔隙压力；

（4）岩石破裂强度。

人们可能会认为，一口井可以通过单一井眼尺寸钻到任何深度。除非井很浅，否则这是不可能实现的，原因如下：

（1）如果遇到天然气或其他油气，不能保证安全；

（2）井眼周围岩石可能膨胀或坍塌，阻止后续作业。

关于套管基本下入深度，参见图1.65。对于深度为11000ft的典型井，图1.65表明地层孔隙压力和岩石断裂强度可能会随着深度的增加而增加。很明显，如果井底充满气体

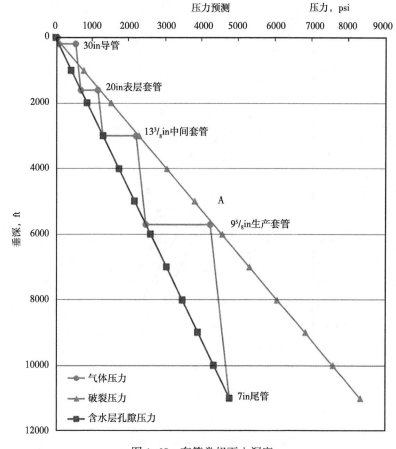

图 1.65　套管常规下入深度

(气体密度很低，因此在压力/深度图上接近呈垂直线)，在某一点（图1.65中的A点）将超过地层强度。如果这种情况继续存在，钻井液会不受控制地侵入到井底岩石中，造成地层伤害。例如浅部含水层，如果接近地表，则会在井场造成严重的安全问题。

随着井的加深，通过逐渐减小井眼直径来解决这个问题；每个井段都由套管保护，套管与岩石之间用水泥环进行密封，可以防止上部井筒因压力造成的井眼破裂或井漏。在钻进下一段井眼之前，要对本井段的水泥胶结质量进行测试。

如图1.65所示，还可以看到，在这个（相当简单的）例子中，需要5个开次才能钻完11000ft的总深度。在浅井段，气体侵入井筒是无法控制的。值得庆幸的是，浅层气很少遇到。如果遇到，任何溢流都可以通过分流器（见1.7.4节）从井场分流，而不是使用防喷器。

钻井过程中，流体静压力应大于地层孔隙压力且小于岩石破裂压力。图1.66是孔隙压力梯度和破裂压力随深度变化的典型例子。很明显，要正确地处理这一问题，需要对钻井液密度进行分级调整，而只有通过下套管来将两段隔离开才能实现。

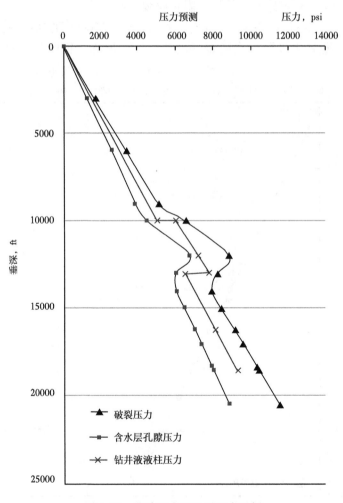

图1.66 孔隙压力和地层压力示例

井筒要求每段使用的钻头能够穿过上一井段的套管（图1.67）。这就形成了一些很奇怪的井眼尺寸和套管尺寸。表1.6给出了在美国油田钻井作业之初的一些典型尺寸。

表1.6 美国油田钻井作业典型尺寸

套管名称	外径, in	内径, in	要求的井眼尺寸, in
导管	30	28	36（如果要求钻）
表层套管	20	19.124	26
中间套管	13⅜	12.415	17½
生产套管	9⅝	8.681	12½
尾管	7	6.184	8½

各种套管可能的下入深度如图1.67所示。图1.67也涉及环空的命名规范。从生产油管向外依次使用字母命名，见表1.7。

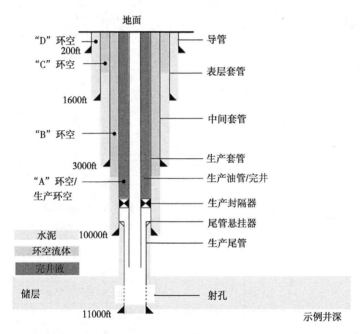

图1.67 套管和环空的基本设计

表1.7 套管环空命名规范

环空名称	内部管柱	外部管柱
A	油管	生产套管/尾管
B	生产套管	中间套管
C	中间套管	表层套管
D	表层套管	导管

参照设计和建造一口井的基本工艺步骤，使用上述套管的简单油井钻井作业包含的基本内容，见表1.8。

表 1.8　油井钻井作业基本内容

步骤	井段，in	井深，ft	操作
0	30	200	下入30in 导管
1.1			钻26in 井眼
1.2			下入20in 套管
1.3	26	1600	封固20in 套管
1.4			安装防喷器
1.5			防喷器和20in 套管试压
2.1			钻穿20in 套管鞋
2.2			地层完整性测试
2.3	17½	3000	钻17½in 井眼
2.4			下入13⅜in 套管
2.5			封固13⅜in 套管
2.6			防喷器和13⅜in 套管试压
3.1			钻穿13⅜in 套管鞋
3.2			地层完整性测试
3.3	12¼	10000	钻12¼in 井眼
3.4			下入9⅝in 套管
3.5			封固9⅝in 套管
3.6			防喷器和9⅝in 套管试压
4.1			钻穿9⅝in 套管鞋
4.2			地层完整性测试
4.3	8½	11000	钻8½in 井眼
4.4			下入7in 尾管
4.5			封固7in 尾管
4.6			防喷器和7in 套管试压
5.1		完井	进行完井

1.12　套管和套管设计

套管（包括水泥）的作用可总结如下：

（1）支撑井口——在钻井作业期间，支撑井口载荷。例如，在海上平台，导管设计成可以抵抗环境的侧向载荷（例如：风、波浪和潮汐）；

（2）提供井眼稳定——通过物理支撑地层，并阻止侵入体（例如盐丘）进入井筒内；

（3）隔离不同地层——能够防止地层之间的污染，如饮用水含水层；

（4）控制井内压力——在钻井、生产和修井过程中（同防喷器一起）起到压力控制的作用；

（5）隔离漏失段——避开钻井难题。

套管设计是一个复杂的课题，但这里涵盖了一些基本原则。套管可看成是一个很细很长的压力容器，它从地面下入井中，并在适当的地方胶结。因此，套管必须满足压力容器的一些设计标准：

（1）破裂压力。在油井使用寿命的几个阶段，套管的内部压力将会超过套管的外部压力。例如，在钻井过程中，如果套管中充满了来自油井下部的气体；在生产阶段，生产油管一旦发生泄漏，就可能会使套管达到破裂压力。一个通用的标准是，套管能够承受来自下一个井段底部的气体压力梯度，或者对于生产套管来说，套管能够承受来自储层的气体压力梯度。如果井是用于注气或注水，地面注入压力甚至比储层压力还要大，因此套管需要进行相应的设计。

（2）挤毁压力。在油井建造和作业的其他阶段，套管外部的压力会大于套管内部的压力。例如，在钻井阶段，如果由于下部井段的钻井流体损失而使油井没有充满液体，以及在套管固井时，就会发生这种情况。

（3）拉力/压力/弯曲。当套管垂直悬挂时，由于其在空气中的自重，套管将处于拉伸状态。当套管下入井中时，由于排开了钻井液，会受到钻井液浮力的作用。如果井眼不是垂直而是弯曲的，将会产生侧向载荷和弯矩。套管接触钻台时产生的冲击载荷需要考虑在内。当套管下入时，井中的摩擦力会使拉力减小；而当取出套管时，井中的摩擦力会使增大拉力。一个重要的标准是：所使用的钻机的额定功率必须足以支撑下套管，并在必要时取出套管。

在设计阶段，通常使用软件对某一口井的一系列荷载进行建模。这通常包括结合上述所有载荷的三轴应力分析。这个模型常用于单一套管设计。但对于复杂套管柱分析，需要应用更为复杂的工具。

载荷工况分析完成后，可进行各种套管设计的强度性能的比较。通常，全部套管的尺寸将由井眼直径、上一层套管内径（ID）以及钻井液和水泥浆循环所需的各种径向间隙来决定。套管的壁厚（常用线重来表示）和材料规格（用钢材屈服强度表示）可从工业标准产品一览表中进行选择来满足载荷情况。表 1.9 给出了不同类型 $9\frac{5}{8}$in 套管的技术参数。

表 1.9　$9\frac{5}{8}$in 套管的技术参数

| 线重 | 壁厚 | 钢级 | 破裂压力 | 挤毁压力 | 拉力 |
lbf/ft	in		psi	psi	10^3lbf
47	0.472	L-80	6870	7100	1086
47	0.472	C-95	8150	5090	1289
47	0.472	P-110	9440	5300	1493
53.5	0.545	L-80	7930	6620	1244
53.5	0.545	C-95	9410	7340	1458
53.5	0.545	P-110	10900	7950	1710

抗内压强度、抗挤强度和抗拉强度一般都会随着壁厚（线重）和材料屈服强度的增大而增大。不过，还需要考虑有其他一些标准。比如套管螺纹连接强度，通常超过套管本体强度，当然也不绝对。某些钢级的套管——通常是那些屈服强度较高的——不能承受硫化氢气体，因此不能用于可能有含硫气体的井中。

从本质上讲，套管的设计也是由经济因素来决定的。强度越高的套管成本越高，因此通常会选择刚好满足要求的套管。从套管供应商的目录中选择存储和运输每一种型号的套管是不实际的，因此通常从一个简化的列表中做出选择。有时，由于载荷标准随深度的变化而变化，套管串是不同重量和钢级的套管组合而成。

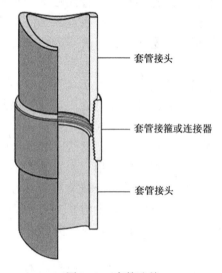

套管接头

套管接箍或连接器

套管接头

图 1.68　套管连接

套管连接方式的设计也非常重要，并且在油田的历史上有过重大的发展。套管连接包括直径大于套管的接箍，接箍内螺纹和套管外螺纹旋紧连接（图1.68）。最初级的设计是不能密封气流，强度也不及套管本体，但这样的套管末端机械加工很便宜。更为复杂的连接是接箍连接强度大于套管本体强度，气密性好，允许套管旋转，例如用于套管钻井的套管连接。当然这种类型的连接是某些专业套管制造商或供应商公司的专利，并且价格昂贵。接头采用套管润滑脂润滑，但实际密封效果受到接头钢结构的影响。套管螺纹在最初研发时，需要进行大量的测试（称为合格测试），以验证其在不同井下温度下满足规范要求的能力和可靠性。在作业过程中，严格规定和控制连接的紧扣扭矩，并配备有测量、检查和记录所施加的旋转和扭矩的大钳。下井前，套管螺纹也要在井场进行检查。

当钻具穿过上一层套管继续钻进时，套管会产生磨损。尽管磨损是很微小的，但也会导致局部壁厚减小。同时，在套管的整个使用寿命周期中，腐蚀也会使壁厚减小，所以套管壁厚要有一定的腐蚀余量。在井下可能发生的条件下，上述原因对套管强度所产生的不确定性和其他原因所产生的不确定性可以通过在一些套管载荷下使用安全系数来补偿——通常抗内压强度的安全系数取为1.1，抗拉强度的安全系数取为1.3。

套管的顶部是套管悬挂器，它固定套管的最后一个接头，并在井口处有一个支撑套管重量的台肩。

尾管与套管很相似，不同之处在于它是通过尾管悬挂器悬挂在之前的套管上，而不是悬挂在井口上。设计上的考虑也与套管非常相似。尾管悬挂器通常允许尾管回接到地面。即在尾管固井后，在尾管悬挂器的顶部密封一个附加的套管下入地面。回接套管的直径通常与尾管直径相同，但外部无水泥封固。回接封隔器有一个抛光座圈（PBR），它允许回接管柱轴向移动，同时保持整个管柱的压力完整性。一些作业人员认为，这种布置方式可以使尾管固井效果更好。因为在作业期间，施加的回压更小，从而将损失降到最低。

膨胀管是近些年发展起来的新技术。膨胀管下入井中，并在井壁处进行原位膨胀（图

1.69），应用一个锥体穿过套管柱，并在管柱内部上方进行锚定。膨胀管外径（OD）扩大可达25%。因为其外径紧压在井壁上，所以不需要进行固井。如果由于井筒稳定性问题或地层强度弱而需要使用套管应急，那么膨胀管技术可派上用场。由于套管可以穿过现有的直径相似的管柱（但随后会膨胀），从理论上来讲，可以通过一系列可膨胀套管采用单一井眼方式从地面钻至完钻井深（TD）。

在固井章节（1.16节）将讨论用于固井的套管和尾管部件。

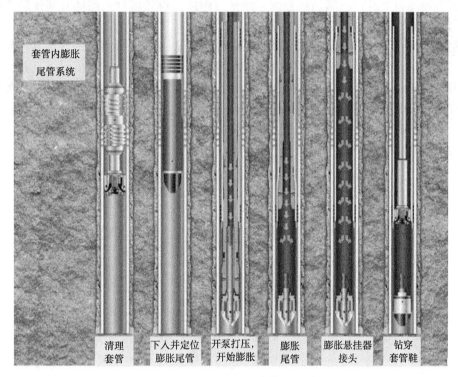

套管内膨胀尾管系统

| 清理套管 | 下入并定位膨胀尾管 | 开泵打压，开始膨胀 | 膨胀尾管 | 膨胀悬挂器接头 | 钻穿套管鞋 |

图1.69　膨胀套管

1.13　压力测试

压力测试是安全建井的重要组成部分，是确定井段每个部分承压能力的重要手段。下面是主要进行压力测试的例子：

（1）防喷器和附属设备；

（2）固井后套管；

（3）在钻新井段之前的地层强度；

（4）完井设备；

（5）流入测试。

防喷器必须定期进行压力测试，通常每14天或21天进行一次。这在大多数国家都是强制性要求，也是服务承包商通用标准的一部分。测试范围包括节流和压井管汇、阀组、内防喷器（IBOP）和其他相关设备。在低压和最大工作压力下进行测试，每个项目通常需要 15min。所有远程设备均经过功能测试，即确保其能正常工作。如果设备未能通过测试，必须在开始作业前进行维修或更换。必须要保存记录，并在需要时用以检查。测试防喷器（特别是水下防喷器）非常耗时，需要拖动钻柱。在测试期间，需要使用专用工具将防喷器与油井的其余部分密封。

套管通常在固井后立即进行压力测试。这样，在测试过程中套管径向膨胀产生的任何微环空都可以在水泥凝固时被密封。通常情况下，套管是在其所能承受的最高预期压力而不是在其额定压力下进行测试。压力测试通常应用固井设备进行，测试时要仔细监控泵入量，并与理论值进行核对。

地层强度测试（也称为漏失试验或地层完整性试验，FIT）通常在一个新井段钻进前进行。其目的是确定地层强度，地层强度是井控设计的一个重要参数。该测试是在钻进几英尺的新井后以确保钻井液液柱压力梯度均匀已知后进行的。通过使用固井设备并关闭防喷器，逐渐对井筒施加压力。绘制出井筒压力随体积变化的关系曲线（图 1.70），直至井筒内压力达到地层破裂压力（FPP）。地层强度梯度可通钻井液梯度+（地层破裂压力除以裸眼井垂深）计算得到。

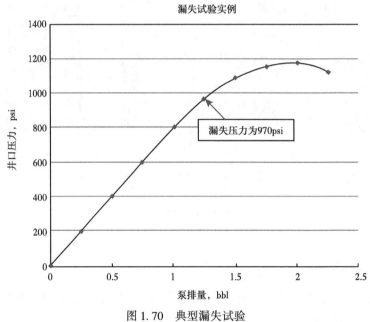

图 1.70　典型漏失试验

完井设备的测试方法与套管非常相似。通常，下入电缆桥塞用于测试。使用顺序测试，以便在需要采取补救行动时尽快确定补救点，减少多余动作。例如，尾管、生产封隔器、油管、井下安全阀（以及控制管线）、采油树等都需要进行压力测试。

流入测试（有时称负压测试），要求流动（通常来自储层）不能进入井筒。在这种情况下，通过低密度钻井液或水进行驱替，井内压力通常会降低，并分阶段降低井口压力。然后对该井进行 30min 或 60min 的流动检测，如果没有监测到流量，则证实了井筒压力的完整性。

1.14　井口和采油树

1.14.1　井口

井口的作用如下：

（1）在钻井阶段为防喷器提供压力控制界面；

（2）在建井阶段，悬挂套管；

（3）悬挂生产套管；

（4）允许进入套管环空；

（5）支撑采油树；

（6）在生产阶段，与采油树相连，进行地面流量控制。

每个套管柱都挂在井口，井口支撑着套管的垂向载荷，在套管悬挂器周围形成密封。有时候，用系紧螺栓将悬挂器锁紧，或者使用一个单独的密封组件将悬挂器锁紧并对井口进行密封。

在最简单的井口中，每次固井后，套管柱加一个短节。该短节与上一个套管柱相密封，下一个套管柱也落在其中（图1.71）。进入套管之间的每个环空处都一个侧面出口端口，阀门通常安装在该端口上。生产油管通常也以类似套管柱的方式悬挂在井口。在某些情况下，悬挂器锁定在井口内，因此井口下方的压力无法将悬挂器推到井口上方。

基本的短节式井口的一个缺点是在下套管固井后，必须暂时拆除防喷器，以增加另一个短节，在此期间没有主要的井控屏障。使用紧凑型井口，将套管和油管挂在一个装置上，就可以避免这种情况（图1.72）。这样还可以节省时间和空间（这在海上环境是很重要的）。

水下井口是紧凑型井口的一种变体。这种设计适合在没有人工操作的情况下工作，因为在深水环境中进行人员操作是不现实的（图1.73）。通常，一个水下井口最多可悬挂5~6个套管柱。水下井口不允许进入套管环空（A环空或生产环空除外）。这将影响套管管柱设计以及钻井和生产作业。

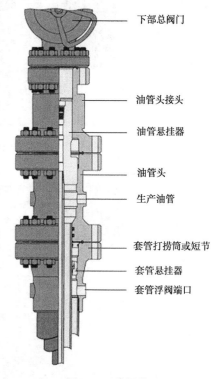

下部总阀门

油管头接头

油管悬挂器

油管头

生产油管

套管打捞筒或短节

套管悬挂器

套管浮阀端口

图1.71　常规井口

1.14.2　采油树

采油树的作用如下：

（1）安装在井口顶部，用于控制生产过程中井内产出液的流动。

（2）为生产提供了主要的和备用的控制设施。

（3）可以实现关闭井筒。

（4）集成了如绳索、电缆和连续管等各种设施，使油井各项井下作业施工能够安全进行。

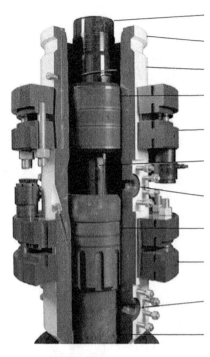

油管连接到采油树

井口连接到采油树

井口头

油管悬挂器

POS-GRIP®-油管悬挂器
周围的夹具和密封

油管柱

侧出口阀端口
（通过生产环空）

套管悬挂器

POS-GRIP®-套管悬挂器周
围的夹具和密封

侧出口阀端口
（通过套管环空）

套管柱

图 1.72　整体铸造井口

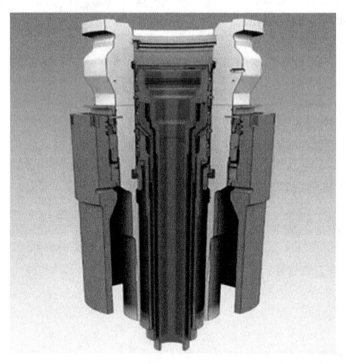

图 1.73　水下井口

从历史上看，采油树是由一系列交叉排列的闸阀组成的（图1.74）。最下面的组件是一个异径接头短节，它密封在井口和生产油管悬挂器的上部。两个主阀［上主阀（UMV）和下主阀（LMV）］是用来封闭井口的主要部件。通常，下主阀作为备用，保持打开状态；而使用上主阀来管理正常生产活动，有时可以进行远程操控。在上主阀的上方是一个交叉流道，其他三个阀门与之相连。在正常情况下，从井中生产的流体通过生产翼阀（PWV）和地面节流阀流入生产设施。到目前为止所述的所有阀门都只设计为开启或关闭两种状态。节流器用于在生产阶段控制油管头压力（THP）和油井的流量。清蜡阀门（SV）用于控制垂直入井，例如需要在井中下入电缆测井工具。最后连接的是压井翼阀（KWV），如果需要在短时间内将高密度流体（压井液）泵入油井，它可以阻断主流管线。

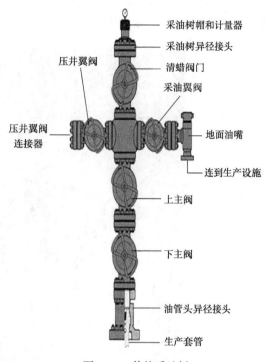

图1.74   传统采油树

在现代陆上和海上平台中，采油树采用统一的结构，其中所有阀门都位于一个钢制单元上。采油树上通常还安装有若干压力传感器和温度传感器，还可以选择向采油树内部或井下注入化学物质。井下完井组件的液压控制管线、动力和仪表也采用了耐压密闭连接。图1.75所示为陆上单一井口和采油树与出油管线的连接的典型示例。

图1.75   陆上单一井口和采油树与出油管线的连接

水下采油树设计成无须潜水员操作即可工作。在水下采油树上,所有的主阀都是液压控制的,在紧急情况下能够使用水下机器人(ROV)对其进行操作(图1.76)。

图1.76　水下采油树

典型的"工作级"水下机器人(ROV)如图1.77所示。这些装备是"无人潜航器",根据需要可从钻机或钻井平台上入水。通常水下机器人装在一个笼子里,从钻机侧面或者钻井平台的月池下入水中。之后水下机器人从笼子中"游"出进行作业。水下机器人上面连接着一根缆索,用以提供动力、控制和数据通信。最简单的水下机器人使用电视摄像机,仅仅用于观察。而较复杂型号的ROV(如一辆大型汽车大小)则装有多个机械手臂,从地面进行控制,用以进行操作阀门、采集试样、拾取小物件等作业。

和套管一样,井口和采油树的设计适用于特定的压力(通常为3000psi、5000psi、10000psi或15000 psi),也适用于正常采油或酸化服务。在钻井作业中,井口顶部的法兰与防喷器相连,在生产阶段与采油树相连。

图 1.77　Seaeye Cougar 3000m 水下机器人（ROV）

1.15　完井设备

一旦钻井完成，套管下入并固井，就会将最后一组管柱下入井内，为油气输送到地面提供通道（注水井或注气井的情况类似）。这个最里面的管柱被称为"完井管柱"，由油管和本节中介绍的其他几个组件组成。完井有许多不同方式，本节仅对典型布置做大致的总结。

完井能够安全、有效地控制从储层到地面的流体。

完井设计与油井采油作业的举升方式密切相关。自喷井相对简单；如果油井需要进行泵送或气举则需要更多的设备。

完井还有如下其他的分类方法：

（1）套管完井，油气从套管上的射孔流入井筒。这样做的好处是可以控制不需要的流体流动（例如油井中的水）。

（2）裸眼完井，储层不穿套管，裸眼地层可自由生产。

（3）砾石充填完井，下部完井充填砾石，以防止出砂。

（4）多区域/管柱完井，可能需要从多区域生产，有时需要不同的管柱（即单段完井、双段完井或三段完井）。

（5）智能完井，利用流入控制阀（ICV）对不同区域的流动进行井下控制。

（6）压力、温度、流量数据，可由井下单个或多个传感器提供。

（7）要求在采出液中注入化学剂，以防止腐蚀，减少蜡的形成或降低原油黏度。

（8）需要进行压裂、增产、重新射孔、测井等后续处理或其他数据采集。

与套管在井的整个生命周期内都会下入不同，油井完井后可能需要进行二次完井。如果可能应尽量避免出现此种情况。

图 1.78 展示了一种典型的完井布置，它将用于解释各种组件。

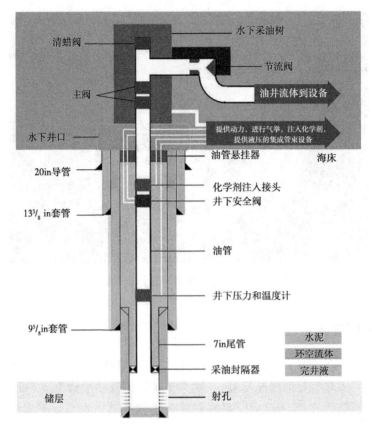

图 1.78　典型井下完井设备

1.15.1　油管

油管挂在井口上，如上所述。油管本身与小直径套管非常相似，其设计目的是用最优的方法将油气从井中举升上来（本书生产技术部分有介绍）。典型的油管直径为 $3\frac{1}{2}$in、4in 和 5in。此外，油管还必须承受破裂压力、挤毁压力、拉力，有时还需要承受压缩载荷，因此需要对油管按照与套管相似的方式进行详细设计。

1.15.2　油管悬挂器

油管悬挂器与套管悬挂器相似，不同之处在于它也密封在采油树的底部，通常包括一个或多个用于液压和（或）电气控制系统通过和密封的端口。油管悬挂器还包括一个剖面，必要时可以安装一个电缆塞来封井（图 1.79）。

1.15.3　封隔器

在油管的下端，封隔器通常用于封隔油管和套管之间的环空。封隔器形成的密封使循环流体有可能进入井内并溢出，平衡地层压力并压井。封隔器也被用来生产层间的封隔。封隔器的类型很多，但通常都由弹性体密封元件和一组或多组卡瓦部件构成。卡瓦部件用来将封隔器和油管锚定在生产套管的内壁上（图 1.80 和图 1.81）。封隔器通常使用油管内压力进行坐封，或者使用电缆下入的坐封工具通过爆炸作业进行坐封。一些封隔器可以使

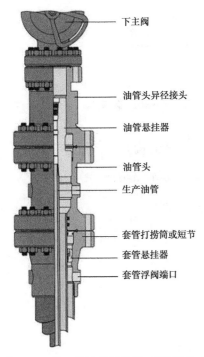

图 1.79 井口的油管悬挂器/采油气总成

下主阀

油管头异径接头

油管悬挂器

油管头

生产油管

套管打捞筒或短节

套管悬挂器

套管浮阀端口

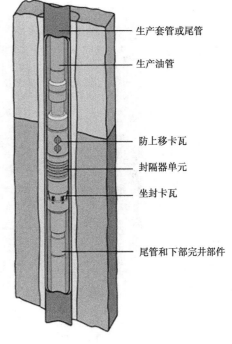

图 1.80 完井封隔器

生产套管或尾管

生产油管

防上移卡瓦

封隔器单元

坐封卡瓦

尾管和下部完井部件

用油管拉拔或内部心轴爆破切割来解封。可能包括的设备有电源、信号或液压连接端口。

1.15.4 井下安全阀

如果井口和（或）采油树发生严重的故障，许多井将会发生油气喷出地面，造成环境破坏，并可能对井场的人员造成伤害。地下安全阀（SSSV）的设计目的是在这种情况下关闭以限制流体流动。它通常安装在井口以下约 100~500m 的完井管柱中，当油井在正常工作时，井下安全阀开启。从地面通过油管旁的液压控制管线对油管悬挂器和地面设备进行控制。如果压力被释放，不管是有意释放还是井口故障，阀门（无论是球阀还是挡板阀）都会在弹簧的作用下关闭（图 1.82）。为防止主阀失效，许多井下安全阀还可在其上部电缆上安装一个"井下内置安全阀"。井下安全阀不是适用于所有油井，比如在偏远地区的油井中，油井出现故障的可能性较低，或者其造成后果较小，从经济成本方面考虑，安装井下安全阀是不合理的。

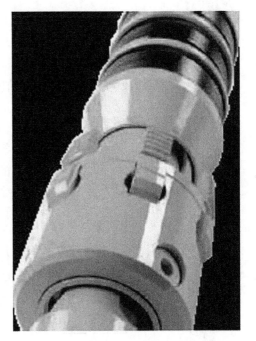

图 1.81 封隔器

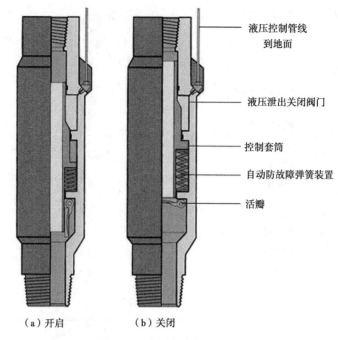

液压控制管线
到地面

液压泄出关闭阀门

控制套筒

自动防故障弹簧装置

活瓣

（a）开启　　　（b）关闭

图 1.82　井下安全阀（SSSV）

图 1.83　滑套阀

1.15.5　滑套阀

在正常作业情况下，油管与生产环空（油管与生产套管之间）是隔离的。滑套阀（SSD）是一个在需要时在油管和环空之间进行连通组件。它包括一个滑动套筒，用来打开工具体上的孔眼，使液流从油管进入环空（图 1.83）。滑套阀通过电缆工具完成操作（电缆操作将在本章后面详细介绍），或者采用更复杂的远程液压或电动等方式进行操作。滑套阀也可以安装在完井区域的不同相对位置，可对每个完井区域进行选择性生产。

1.15.6　旋塞短节

旋塞短节是一个简单的组件，没有活动部件，在大多数完井作业中都可以使用。它是在油管中安装一个旋塞来隔离部分完井作业，并阻止流体流动。该旋塞被锁定在一个内部槽内，通过压力传递防止旋塞沿油管上下移动，旋塞上的弹性元件可将井眼部分进行密封。在短节内的锁止槽允许选择性地安装旋塞。因此，旋塞只能安装在正确的短节上，而不能安装在其上面或下面

（图1.84至图1.86）。

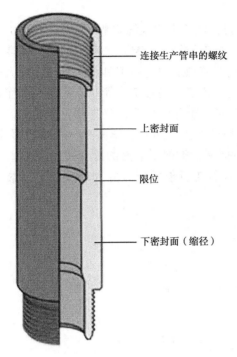

连接生产管串的螺纹

上密封面

限位

下密封面（缩径）

图1.84　旋塞短节

图1.85　安装在短节上的旋塞

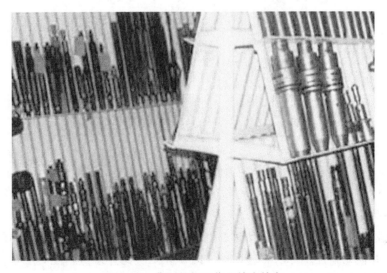

图1.86　典型的钢丝作业旋塞储存

1.15.7　伸缩接头

大多数完井管柱在下放和坐封时处于拉伸状态。在生产作业中，油管温度升高，张力降低。如果出现管柱受压的情况，就有发生屈曲和油管损坏的风险。这可以通过应用一个伸缩装置——伸缩接头来调节这个力的大小。

1.15.8 气举/偏心工作筒（SPM）

当井不能自喷时（比如储层压力低），可以通过向油管中注入气体来降低井内流体的密度。它是通过向环空注入气体，并在管柱中应用偏心工作筒（SPM）来实现的。气体通过安装在偏心工作筒中的压力操作阀进入管柱，通过电缆触发的造斜工具进入管柱。在大多数设计中，在不同深度的油管悬挂器和封隔器之间安装多个偏心工作筒。这些偏心工作筒中的气举阀顺序开启。当油井首次开始采油时，只有位于井中最深的气举阀是开启的。如果需要，偏心工作筒也可用于化学品的注入。从物理上讲，偏心工作筒有一个球状部分，即"偏心口袋"，它有到达环空的端口和一个密封区域，类似于上面的滑套阀（SSD）。在偏心口袋上方的主孔中有定位装置，以便气举阀运行工具能够定位并"斜放"入口袋中（图 1.87 和图 1.88）。

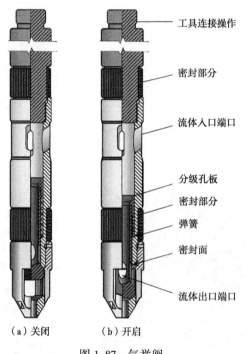

（a）关闭　（b）开启

图 1.87　气举阀

1.15.9 传感器

通过传感器获取井下条件数据有助于更好地了解储层，从而更好地对储层进行管理和控制，并保证井筒完整性。可以通过远程、修井和二次完井来重新配置层位。如果需要更详细的信息，可以使用电缆测井技术来获取，但在某些井（例如海底井），获取井下数据的成本可能非常高。

现代传感器可测量压力、温度、流量、振动、流体类型和其他参数。在这些应用中，高精度和可靠性是必不可少的。近年来，这些设备的可靠性和测量范围有了很大的提高。通过电缆、光纤电缆或电磁传输的管柱进行数据传输。一些设备中包含备份内存，以防传输失败。井下电源可由长寿命电池或安装在井下流体中的发电装置提供。

1.15.10　信号和控制线路

上文已经叙述了几个信号和控制电缆的例子。实际上也可用电力线操作井下人工举升设备，如电潜泵（ESP，见1.31节人工举升）。这些电缆通过封隔器和油管悬挂器进行密封，并与油管和井内其他部件捆绑在一起。电缆的可靠性是最重要的，在作业时要非常小心，以保证这些电缆没有损坏。

1.15.11　砾石充填

有些地层会随着石油或天然气产出而出砂，随着储层压力的降低或油井生产期间水的产出，储层开始出砂或出砂量加大。砂粒会对地面设施造成严重的破坏，如管道的磨损和堵塞等。一种有效的处理砂粒的方法是在储层用砾石充填将其封堵。其基本的技术是在生产层内安装一个"砂筛"，该砂筛由缠绕着钢丝的管道组成（图1.89）。然后，在地层和筛管之间填充砾石。这种砾石尺寸均匀，既能有效阻挡地层砂，又能使流体流过。替代方案包括外部砾石充填（砾石直接填充在地层中）和内部砾石充填（砾石和筛管填充在衬管或套管内）。使用专业技术将砂砾充填在井中——本质上类似于固井作业，但使用的是悬浮在凝胶液中的砂粒（图1.90）。

图 1.88　完井偏心工作筒

图 1.89　绕丝筛管

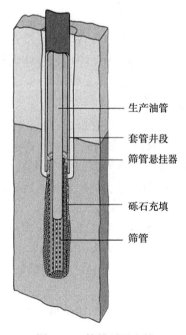

生产油管

套管井段

筛管悬挂器

砾石充填

筛管

图 1.90　管外砾石充填

1.15.12 智能井

具有井下传感器和控制系统的井有时被称为智能井。有几个趋势正在推动这一技术的发展。为了优化油藏的最终采收率,有必要收集数据并使用这些数据更主动、更慎重地管理每个区域的生产。由于新技术能力更强、更可靠、成本更低,所需的测量、加工和物理控制水平越来越有可能实现。修井和重钻已钻井等替代方案的成本越来越高,而且很难在不影响生产等其他活动的情况下进行日程安排。

1.15.13 可膨胀弹性体

可膨胀弹性体是最近发明的,有望取代某些部件中的被动密封元件。这些弹性体可以与水或油发生反应,并膨胀到原来体积的几倍。可膨胀弹性体还可以用于堵水,例如,应用在油田后期可能会地层出水的井中。

1.15.14 复杂性、可靠性和维护度

在上述所有的完井设备中,完井可靠性与复杂性之间存在着一种天然的平衡关系,需要在井的设计阶段作出决定。此外,还必须充分考虑如何在油井 25~50 年的使用期内进行维护。

1.16 固井

封固套管是确保井段安全的最后一项关键作业。水泥是油井内流动的一道屏障,为使其发挥作用,必须做到以下几点:

(1)粘结套管和地层的高质量无污染水泥;
(2)抗压强度高;
(3)固井作业全程井控;
(4)可靠的漂浮设备(防止套管内流动);
(5)无水泥窜槽(防止套管外流动);
(6)油气层隔离;
(7)水层隔离;
(8)保护套管不受腐蚀性液体的腐蚀。

良好的胶结程度可通过以下因素实现予以实现。

(1)预胶结循环和钻井液调节;
(2)适当混合和调配水和水泥,例如尽量减少游离水并达到适当的密度;
(3)顶替速率高;
(4)隔离液、前置液、水泥浆、隔离液间的密度差;
(5)有效排出钻井液;
(6)套管移动(上下或旋转);
(7)套管居中度;
(8)管理风险,如流体损失和套管未钻入井底。

1.16.1 油田水泥

油田水泥是根据 API 标准 10A 的规定,专门为井下使用而制造的。它有多种"等级"

可供选择，以满足不同要求。水泥等级主要有 A，B，C，D，E，F，G 和 H。水泥采用化学"添加剂"进行改性，以提供所需的性能。例如：

（1）凝固速度加快（加速）或减慢（缓速）；

（2）增加或减少水泥浆密度；

（3）降低凝固时间对温度的敏感性；

（4）增加抗压强度或弹性；

（5）具有合适的流动性能——塑性黏度/屈服强度（PV/YP）和凝胶。

1.16.2 套管固井基本过程

套管固井基本步骤见表 1.10。

表 1.10 套管固井基本步骤

步骤	操作	注释
1	计划操作，核对人员、设备和化学剂，采集和测试试样	适当地计划至关重要
2	开钻	
3	井眼循环，清除岩屑	保证固井良好
4	拔出钻柱和底部钻具组合	检查已钻井眼已为下套管做好准备
5	井眼灌满钻井液的同时下入套管	
6	安装封固套管设备	
7	套管内向下、环空内向上循环钻井液	
8	注前置液	将水泥与钻井液隔离
9	投底塞	
10	混合并泵入水泥	检查水泥浆密度、泵速、压力，取样。有时要使用调整后的前置液和后置液
11	投顶塞	
12	注后置液	将钻井液和水泥隔离
13	注水泥直至碰压	确认水泥顶替到位
14	套管压力测试	确认套管完整性
15	地面释放泵压	确认浮鞋/浮箍固定
16	候凝	持续 6~48h
17	防喷器压力测试	候凝时进行
18	如需要，进行水泥胶结测井（CBL）	确认地层和套管的水泥胶结质量

套管柱由一些专门设计用于支持固井作业或提高水泥密封质量的组件组成。在套管柱底部安装漂浮装置，用以：

（1）水泥泵入到位时防止返排；

（2）为顶塞提供落位台肩；

（3）引导套管在井中下入；

（4）水泥顶替后进行套管压力测试。

浮鞋是位于最下部的组件，在套管进入井眼时起引导作用。浮箍位于浮鞋上方的两个套管接头（约20m）处，在这两者之间的套管长度称为浮鞋套管串。这两个装置本质上都是单向阀，可以单向通过泵送的流体，但可防止其回流到套管中。两者都是由可钻材料制造的，通常是水泥、塑料或铝。漂浮设备在下套管时防止流体从套管下部灌入，需要在钻具中进行定期灌浆（图1.91）。改进的漂浮设备可进行自动灌浆，可通过投球的方式施加压力并剪切部分元件，恢复单向特性。

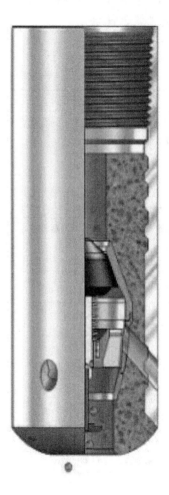

图1.91　浮箍（左侧）和浮鞋

从上面所列的作业顺序中可以看出，橡胶塞是在注入水泥浆之前和之后安装在套管内的。在注水泥之前释放底部胶塞，随着水泥的泵送，底部胶塞沿着套管向下移动，落在井底附近的承托环上。然后轻微增加泵压，使底部胶塞顶部的安全隔膜破裂，然后将水泥泵入浮鞋套管串，再泵入套管/井眼环空。一旦水泥浆泵送结束，释放顶部胶塞，泵入钻井液，最终顶部胶塞落在浮阀上底部胶塞的顶部。这两种胶塞都是由橡胶制成，用不同的颜色来区分它们，当它们被泵送通过时，叶轮将水泥从内套管井眼上清除。这两种胶塞都是可钻的，有时还具有防旋转特性，以防止它们在钻进时在套管中旋转（图 1.92）。

　　水泥头作为临时设备连接到套管的顶部，使流体循环并释放胶塞（图 1.93）。它包括一个带管汇和阀门的圆柱形支座，以及一个允许将胶塞泵入套管的释放销。在海上作业中，这些设备都要远程控制。在作业过程中，释放胶塞、水泥泵入和胶塞落位都是不可靠的。因此，在实际操作中，将理论水泥浆顶替量与实际水泥浆顶替量进行比较，以确保实际水泥浆顶替是否按计划进行。

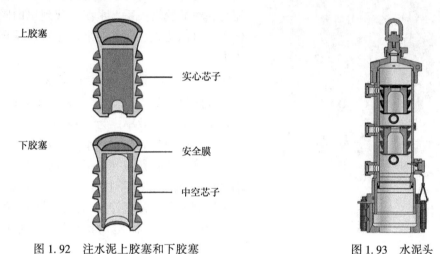

图 1.92　注水泥上胶塞和下胶塞　　　　　　图 1.93　水泥头

1.16.3　套管居中

　　水泥胶结良好的基础是套管与井眼和（或）之前下入的套管同心。如果套管位于井眼的一侧，在固井时，窄间隙一侧流体流速要低得多，很难胶结良好（图 1.94）。在大斜度井或水平井中，套管上的滑动载荷是相当大的。使用各种类型的套管扶正器保证套管在井筒内居中。下套管时，在套管的外侧一定间距安装扶正器，扶正器叶片可以是刚性的（用于之前的套管井段内），也可以是弹性的（用于适应裸眼井的不规则情况）。弹性套管扶正

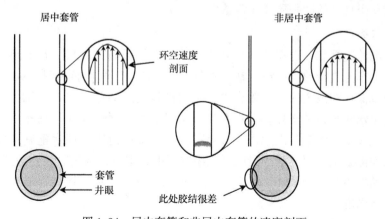

图 1.94　居中套管和非居中套管的速度剖面

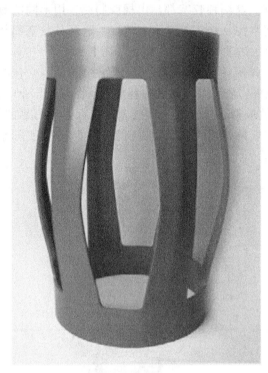

图 1.95　弹性套管扶正器

器如图 1.95 所示。可以用计算机程序优化扶正器的数量和位置——扶正器太多，水泥在环空的流动受到过多的阻碍；扶正器太少，则套管不能充分居中。

1.16.4　井壁刮削器和水泥伞

除扶正器外，还可以在套管柱上安装各种其他设备。井壁刮削器的设计是为了去除下套管过程中井筒内壁上的滤饼，以改善水泥与井壁的胶结关系。水泥伞起到单向阀的作用，可以防止水泥浆在泵入位置后从环空流失。

1.16.5　泵的排量和上下活动套管

在固井过程中，有许多方法用以改善水泥在环空中的顶替效率。为了避免环空中钻井液未完全被顶替而形成的水泥窜槽，首选大排量使环空达到紊流（如果造成地层漏失则不采用此方法）。上下往复活动套管几英尺，并旋转套管来改善套管与水泥的胶结。尽管有时由于实际原因，这种运动是不可能的。

1.16.6　水泥返高

固井的一个关键方面是水泥在环空中到达预定的水泥返高（TOC）。有时，水泥要返到地面，有时是上一层套管处，有时是含油区以上的一个固定高度。由于篇幅有限，无法在此详细讨论这些井的设计选择，但实现预定的水泥返高非常重要。由于裸眼井井眼比设计的大，或在固井作业中存在地层漏失，水泥返高可能达不到比设计高度；如果裸眼井井眼比设计的小，或存在水泥窜槽——即没有完全填满环空，水泥返高可能比超过设计高度。裸眼井的准确尺寸通常是通过在套管下入前在裸眼井中下入井径仪来确定的。准确的水泥体积计算对于获得良好的固井质量非常重要。

1.16.7　固井设备

固井用水泥的搅拌和泵送作业在钻井现场采用专用设备来完成。在陆地，这一作业通常是在专门的卡车上进行的；而海上钻机本身就包含这一作业功能（图 1.96）。

干水泥粉或储存在散装的储存筒仓中，水泥被曝光或储存在作业期间打开的独立水泥袋中。混合液由水泥泵通过文丘里孔口泵送，干燥的水泥通过料斗加到孔口中，形成水泥浆。然后，水泥浆由水泥泵泵入水泥头和套管。混合液由海水或淡水配制而成，并加入添加剂来调整水泥的凝结时间，减少凝结过程中的摩擦和水泥浆损失。顶替液通常为钻井液，可由水泥泵或钻机主泵进行泵送。将混合水和水泥浆取样，然后将其置于温度可控的环境中，来模拟井下温度。

上述工艺适用于常规套管固井。

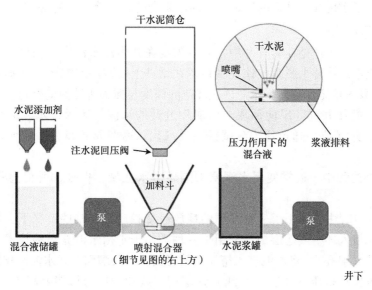

图 1.96　固井设备

1.16.8　尾管固井

尾管通过钻杆下入指定位置，悬挂于上一级套管柱上。在这种情况下，胶塞位于尾管悬挂器上，而不是地面上。两个胶塞都是空心的，内径（ID）不同。在水泥浆被泵出之前，投球穿过钻杆和上胶塞，落在下胶塞。增加泵压以切断尾管悬挂器上的胶塞，胶塞沿尾管以上节介绍套管固井例子中相似的方法向下进入尾管浮箍。上胶塞也以类似的方式释放，并投一个更大直径的球落在上胶塞上。

1.16.9　分级固井

分级固井是将水泥分阶段注入环空——即先将套管下部固井，然后再将套管上部固井。这就要求在套管柱中使用分级箍。分级箍是一个带孔套筒，通过重力投塞打开，并通过锁销关闭。当水泥顶替过程中存在漏失风险（即水泥渗入地层，而不是沿环空的井眼和套管循环）时，可采用分级固井。

1.16.10　水下固井

在海底井中，套管悬挂器落在井口，井口位于海底而不是海面上。海底套管可以在悬挂器上方安装，然后在固井后与悬挂器断开连接。另外，也可以使用水下水泥头，将下胶塞和上胶塞组装在井口下入工具内，并通过向钻机钻柱内下放一系列锁销或球来释放胶塞。

1.16.11　表层套管固井

对于尺寸非常大的套管（30in 和 20in），将水泥泵入套管的整个内孔（直径很大）并进行置换是不切实际的。线速度过低会使水泥受到污染。通常采用插入式固井，下套管就位，然后用钻柱将插头插入浮鞋中。注水泥过程通过钻柱而不是套管来完成。通常，不使用胶塞。

1.16.12　满眼注水泥

对于表层套管和导管，通过将水泥浆经由上部软管泵入环空可实现满眼注水泥。这样的目的通常是为了实现井口结构的稳定性，而不是套管和井筒之间的密封。

1.16.13　注平衡水泥塞

无论是在裸眼井中还是在套管井中，有时需要在井中注水泥塞。稠化钻井液通常先注入井内，以防止水泥从井中脱落。该技术包括在钻杆上安装注水泥插头（通常是一段短的油管），将水泥泵入预定位置，使水泥顶在环空的深度与插头所处深度相同。接着，将插头拔出到水泥面，并使井进行反向循环，以清除过量的水泥。然后让水泥凝固。通过在水泥上施加压力，并（或）通过压力测试或注入来确认密封是否良好，从而确认水泥塞是否良好。

在油井废弃过程中，通常使用水泥塞来隔离产水区域，保证油井的悬挂安全或进行侧钻。

在水泥挤注过程中，采用了一种不同的释放胶塞程序。在某些情况下，如套管胶结不良，必须将水泥挤入环空或地层中。采用了一种类似于平衡水泥充填的技术。在挤水泥点处的套管上造孔（射孔）。将水泥挤入挤注点的背面，插头缩回。在水泥硬化之前，施加压力将部分水泥按要求挤压到环空和（或）地层中。施加的压力可能要高于地层破裂压力。井筒中过量的水泥可以在后续作业中冲掉或钻掉。

1.17　定向钻井

对油井的一个关键要求是，它必须从地面井位到达储层中所需的位置。进行定向钻井的原因有：

（1）进入一个或多个特定的储层层位或区块。

（2）进入油藏上方难以钻井的层位，如

①居民区或自然公园的下部；

②湖泊下部或靠近海滨；

③难钻进或易出故障的地层，如流动性盐层；

④需避开的高压区。

（3）允许在一个地面位置建立多个井口，如

①海上平台/导管架平台，可达 60 口井（密井距）；

②丛式井陆地钻井，减少环境影响；

③水下基盘。

（4）救援井钻井——与已钻井连通。

（5）大斜度井或水平井，通过增加与油藏接触长度，从而提高产量。

确定地面位置和井下靶点是油井规划的第一步。

根据地震资料、邻井资料、储层模型和岩石物理测井资料，确定靶点位置。选择靶点的标准包括：

（1）优化储层排驱；

（2）到断层的距离；

（3）到地面井位的水平位移；

（4）与其他靶点的相对位置；

（5）高压区（比如在靶点下方）。

地面井位取决于：

（1）自然地表特征，例如河流、山/谷；

（2）人为因素，如与道路、房屋、公园、海滩的距离；

（3）许可范围；

（4）环境影响；

（5）到处理设施的距离；

（6）海上钻井的水深、常见的井位（如平台）、海底条件。

在地面和靶点之间也可能有需要考虑的限制因素，例如：

（1）孔隙压力和岩石强度（套管下入深度）；

（2）由于地应力引起的井筒失稳；

（3）浅层气的危害；

（4）存在缺陷；

（5）其他井的干扰；

（6）钻井时的限制（如钻速）；

（7）优化油井设计，降低成本，最大限度地提高产量、可靠性和井下信息的获取。

对以上多方面的因素需要进行仔细的油井规划。

网格系统常用于确定所需的坐标。通常，在通用横轴墨卡托投影（UTM）网格上用北纬和东经投射坐标。例如：17N 630084 4833438，即在北半球第 17 个格网上，北纬距离为 630084m，东经距离为 4833438m。

作为基准面，深度经常参照现场的平均海平面（MSL）。在钻井作业中，每日深度是参照钻台标高（DFE）、转台（RT）或方钻杆补心（RKB）来计算的。在生产阶段使用其他参考深度，如井口法兰的顶部。

深度和井位参考也是至关重要的。由于在应用这些系统时出现了错误，导致在错误的井位钻井或钻至错误的深度，有很多这样的例子。

在直井中，靶点位于地面井位的垂直下方，井在这些点之间沿直线钻进。具有偏移靶点的井通常包括以下几个部分（图 1.97）：

（1）造斜点（KOP）；

（2）造斜段；

（3）造斜结束点（EOB）；

（4）稳斜段；

（5）降斜段。

油井通常要先钻一个直井段，在造斜点以上下入表层套管。更换钻具组合从造斜点开始造斜。一旦达到要求的井斜角，即达到造斜结束点，需要再下一层套管。再更换钻具在稳斜段（井斜角保持不变）钻进。稳斜段可能一直延伸至靶点。有时，在钻 S 形井时，允许油井降斜并按要求稳斜到达靶点。这种井型可用来改善储层段的电缆测井。通过这些不同的井段，井眼也可能向左或向右转向。靶点通常为一个三维形状，它具有主要的北、东、深度坐标和每个坐标上的允许误差。球形或立方体之类的形状是常见的。在钻井计划阶段，

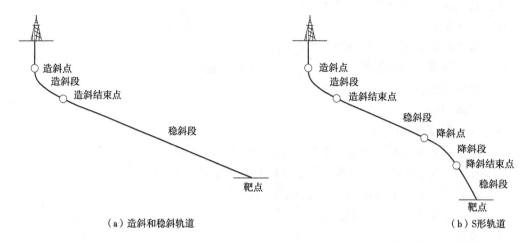

（a）造斜和稳斜轨道　　　　　　　　（b）S形轨道

图 1.97　井眼轨道

需要在靶点尺寸上进行权衡——这需要解决地下最佳储层排水与油井工程人员的钻井成本和时间的问题。如果可能无法实现目标，可能需要在钻井作业中重新考虑这一问题。

救援井是定向钻井中的一种特殊情况，用以处理井喷。它要求一口井（救援井）与另一口井（井喷井）连通，以便于将压井液泵入井喷井来阻止流动。这些救援井需要详细的规划，并使用自引导工具来检测和发现井喷。

定向井方案如图 1.98 所示。这包括两个剖面图。垂直剖面图显示了根据靶点和地面井位在垂直平面上投影的井眼轨道。在这种情况下，也可表示出套管的下入深度。在俯视图上可以看出，该井将大致朝西北方向钻进，靶点为俯视图中的圆形。

这些图是由井设计软件生成的。该软件应用"最小曲率法"通过建模软件计算出不同的井位。除了这样的图之外，还在表格中提供了数据。

井眼轨道设计软件与钻完井工程师的自身知识相结合，开发出"可钻"井眼。在成本和未来油井产能之间做出折中方案。以下是一些需要考虑的方面：

（1）指定最大狗腿严重度（测量井眼转向的严重程度），以确保完钻后套管能够下入井中。

（2）降低储层的井斜，避免测井时出现问题。

（3）将井斜角和方位角的变化结合起来，以便高效使用旋转导向系统。

（4）在稳斜段下套管，避免穿过套管钻"鼠洞"时出现问题。

随着钻井作业的进行，井眼轨迹视图将使用实际位置数据进行更新（下一节将介绍该过程）。

井眼的井斜角（即在垂直剖面图中）描述为井眼轴线与垂直面的夹角。井眼方向（即在俯视图中）表示为距网格北（GN）或真北（TN）的度数。请注意，这通常与磁北（MN）不同。它们之间的差异如图 1.99 所示。这些差异与地理位置有关，磁北也与时间有关。

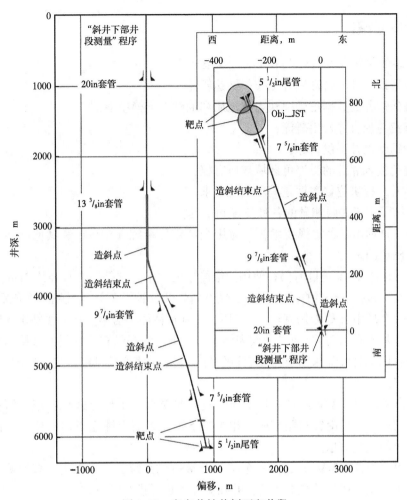

图 1.98　定向井钻井剖面和井段

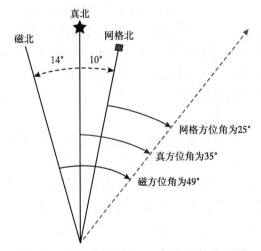

图 1.99　径向偏移示例——真北/网格北/磁北

1.18 定向测量

了解井眼的位置和方向对以下几项工作很重要：

（1）根据设计计划管理钻井工作，钻达靶点；

（2）确保该井的数据正确地映射到地质和油藏地下模型上；

（3）避免与现有井发生碰撞；

（4）为钻救援井提供目标；

（5）避免侵入邻近的受许可区域或所有权；

（6）通常，提供位置数据是一项法规要求。

下面总结了用于井眼测量的各种技术和工具：

地面井位是利用各种常规技术，如应用全球定位系统（GPS）和其他已知参考位置的几何测量来确定的。

托克（Totco）测量是目前仍在使用的最简单的技术。它是一个直径约 3cm、长约 80cm 的圆柱形工具，包括一个钟摆和指示卡。钻井暂停几分钟，工具通过钢丝绳或沿钻柱下放，然后静止在一个环中（称为托克环），该环使工具在钻柱中居中。在一段特定的时间后（或检测到当前工具没有运动），通过钟摆来标识指示卡，它提供有关井斜的直接信息。然后使用钢丝绳回收该工具（如果需要重复获取信息，应采用底部钻具组合进行回收），取出指示卡以提取数据。

磁性单点测斜仪（MSS）在原理上与托克测量类似，工作方式也类似。历史上，除了钟摆之外，它还包括指南针和照相机。相机拍下罗盘表面上钟摆指向的位置。这提供了井斜角和方位角的直接信息。

磁性多点测斜仪（MMS）包括一个类似于 MSS 的系统，但可以进行多次测量。在上提钻柱之前，将它安装在钢丝绳上下放，并在钻柱上提时进行测量。

目前，使用正交重力仪和磁力仪的固态工具更为普遍，它们的可靠性和准确性都要高得多。数据记录在电子存储器中，并（或）在电缆上传送回地面。

所有的磁性测量工具都需要一个无磁的环境。底部钻具组合中的测量工具和钻铤必须是无磁性的，以避免影响磁罗盘的读数，因此不能在套管内或离其他井很近的地方测量。公司标准将规定需要多久进行一次测量，但通常是每 500~1000ft 进行一次。所有磁性测量的方位数据必须从地磁北极调整到网格北极。

1.18.1 陀螺测斜仪

基于陀螺仪的测量工具过去曾使用物理陀螺仪来测量井筒的方向，由于其易碎的特性，这些工具都是安装在电缆上的。与磁性测量相比，陀螺仪的优点是测量精度更高，而且由于不受不规则磁场的干扰，它可以在套管或钻杆中进行测量。由于陀螺仪工具采用了不同的物理原理，所以它能独立地确认以前采集的磁测数据。

此外，现在的陀螺测斜仪使用固态陀螺和电子存储器。

1.18.2 惯性导航工具

这些工具是最精确的，最初是从防御导弹导航系统发展而来的。采用陀螺稳定平台，平台上安装有三个正交加速度计。加速度计的信号对时间进行两次积分，可直接提供 x、y 和 z 坐标，可为地面的井位提供参考。这些工具很庞大，又很昂贵。

所有测量工具的深度参考值都来自下入的电缆或钻杆长度。所有定向测井工具都需要进行大量的质量保证（QA）/质量控制（QC）工作，并且需要在车间和现场对工具进行校准。

1.18.3 定向工具

在随钻测量（MWD）工具开发之前（见下文），定向钻井需要在电缆上使用测量工具来确定井下动力钻具上弯曲接头的方向（见下文）。这是通过将磁性或陀螺仪导向工具安装在井下动力钻具上方的非旋转钻具组的定向鞋中实现的。除了常规的测量数据之外，它还提供了钻井平台上的实时读数，显示相对于井筒高边的工具面方向。这些工具仍然偶尔用于定向封隔器和定向取心作业。

1.18.4 随钻测量（MWD）工具

现代钻井作业中经常使用随钻测量工具。MWD 工具是位于钻头上方的底部钻具组合（BHA）中的一段无磁钻铤。无磁钻铤内壁装有固态磁传感器、存储器和电池。在存储器中保存包括工具定位在内的定向数据。阀门基于数据电动开启和关闭，从而产生钻井液压力脉冲，这些压力脉冲可以在地面上读取。因此，在不需要电缆的情况下，可为地面提供实时的方向数据。这样就可以实现钻具在井筒的连续转向。

1.18.5 自导引工具

在需要从一口井钻到另一口井的情况下，例如需要与井喷井连通时，可使用自导引工具。最常见的技术是检测井喷井造成的局部磁场异常（当然，前提是井喷井中含有铁质材料）。然后将贯通的井筒导向所需的方向，并定期重新测量，以确认对准目标方向前进。

1.18.6 测量不确定性

任何测量都有一定程度的不确定性。一般来说，测量工具越昂贵，测量的结果就越准确。每个工具都有一个基于设备的物理特性和运行环境的误差模型。可以说，每个测点都可以被认为是位于不确定度的中心或椭球体内（图 1.100）。实际井筒有 99.9% 的可能性位于这个椭球内。

这种不确定性很重要。虽然从测量结果来看，可能已经命中靶点，但如果靶点在椭球面以外，则实际井筒有可能位于靶点之外。实际的管理方法是根据测量方案的不确定性，将地质靶点缩小，以提供更小的钻井靶点。如果井筒中心穿过钻井靶点，可以确定命中地质靶点（图 1.100）。

当平台或陆地丛式井有多口井时，钻一口新井必须避免与已钻井发生井眼交碰。有时，新井必须通过已钻井的"意大利面条状网"进行定向钻进。已钻井的位置及其不确定度不得与新井的位置及其不确定度重叠；否则，就有发生井眼交碰的风险。在这种情况下，需要用最精密的测量工具。服务承包商和监管机构制定了相关标准，以确定在接近不确定性椭球多少时必须停止钻进。在实际应用中，如果存在可井眼交碰的风险，相邻井往往在潜在交碰点之前完钻。

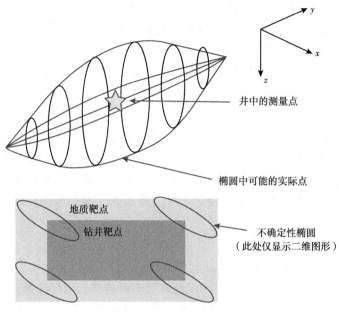

井中的测量点

椭圆中可能的实际点

地质靶点

钻井靶点

不确定性椭圆
（此处仅显示二维图形）

图 1.100　不确定性椭圆

1.18.7　测绘和记录测量数据

在钻井作业过程中，收集测量数据，采用最小曲率法计算出平滑的井眼轨迹。在平面图和剖面图中尽快绘制出实钻的井眼轨迹，并与设计的井眼轨道做对比。如果需要的话，可以据此做出决定，可以控制井眼轨迹到其他的方向。

一旦井段完井结束，将进行独立的测量（例如陀螺仪）来确定井眼位置。为保证测量更加精确，这种测量和不确定性相结合，用作最终测量结果，并作为油井位置正式记录在公司和政府的数据库中。

1.19　定向井钻井系统

定向井钻井已经改变了现代钻井作业。

最早的定向井钻井技术是通过钻具侧面的一股钻井射流来"干扰"钻具，将其推向特定的方向。这在原理上类似于我们今天所使用的转向工具，如下所述。

事实上，任何在井眼中旋转的钻具底部钻具都有降斜或增斜、向左或向右偏转的趋势。特别是前者，可以很准确地预测出来。如图 1.101 所示，如果井眼已经倾斜，则在底部钻具组合安装若干稳定器以起到支点的作用，使钻头向上或向下前进。

满眼钻具组合是指具有多个全尺寸（井眼尺寸）稳定器的钻具组合，迫使钻头沿井眼方向移动。钟摆钻具组合没有近钻头稳定器，在倾斜井眼中，钻头有"指向下方"的趋势，使井眼更加垂直。然而，这种效果依赖于钻压（WOB）——如果钻压增大，降斜趋势将减少甚至增加。增斜底部钻具组合——带有全尺寸近钻头稳定器（与钻头外径相同），将使钻头"指向上方"，并增大井眼的井斜角。

这些原则适用于常规井钻井——这是成本最低的方法，在只需要轻微改变井斜角而不需要改变方位角的情况下经常使用。

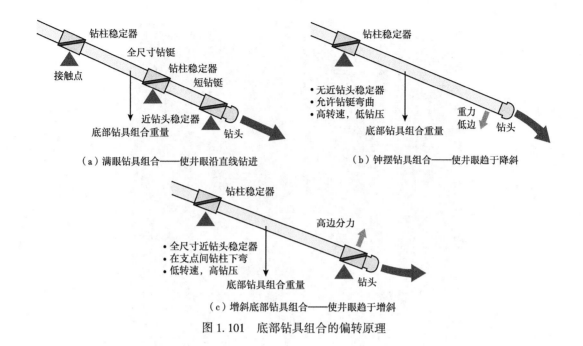

（a）满眼钻具组合——使井眼沿直线钻进　　　　（b）钟摆钻具组合——使井眼趋于降斜

（c）增斜底部钻具组合——使井眼趋于增斜

图1.101　底部钻具组合的偏转原理

1.19.1　弯接头和动力钻具

为使井眼方向发生更大的变化，业内已经开发了动力钻具/弯接头组合（图1.102）。从这些例子中可以看出，钻头直接由动力钻具驱动，通过弯接头与钻具组合连接到地面。在这些例子中，动力钻具位于近钻头稳定器内。弯管接头有各种类型，可在地面甚至井下进行频繁地调整。弯曲角度达到3°是正常的。

1.19.2　螺杆钻具和涡轮钻具

螺杆钻具有一个光滑的叶状轴和一个扭曲的轮廓，它位于一个比转子多一个叶的橡胶定子中（图1.103）。钻井液流经底部钻具组合定子和转子之间的间隙，驱动转子旋转。它通过近钻头稳定器内部的轴与钻头连接。位于电机上方的旁通阀接头是一个套筒，在将钻柱起回地面之前，通过投球的方式，使钻柱中的钻井液容易排出。螺杆钻具的工作原理是通过一系列固定的定子和旋转的转子来工作的。螺杆钻具具有低转速、高扭矩的特点；而涡轮钻具具有高转速、低转矩的特点。因此，涡轮钻具可与金刚石钻头配合使用。这两种类型的动力钻具，反扭矩都是通过钻柱向上传输到地面（图1.104）。

大约30年前，最先进的定向井钻井使用带有弯接头的电动机，其中包括带有地面读数功能的磁性导向工具。该磁性导向工具安装在弯接头上方的定向剖面上。它通过在地面转动来定位弯接头，螺杆钻具便可用于钻井。定向井司钻经常进行定向测量，并根据工作进度情况对弯接头方向进行调整。他需要考虑电动机的反应扭矩响应——这需要进行相当多的判断。在这种模式下，钻柱（定位接头除外）在地面不会旋转。同样的底部钻具组合也可以用于"滑动模式"。在"滑动模式"中，从地面开始整个钻柱开始旋转，钻头转速是地面转速和电动机转速的总和，从而提高机械钻速（ROP）。

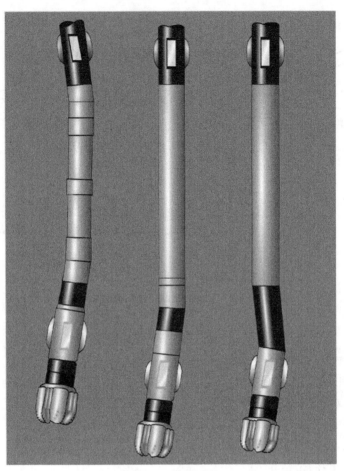

图 1.102 弯接头类型

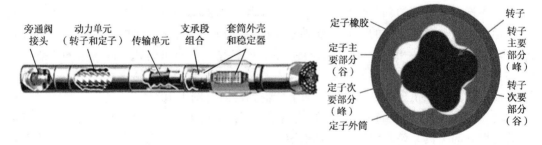

图 1.103 螺杆钻具设计

1.19.3 随钻测量 (MWD) 和随钻测井 (LWD) 工具

本节将详细介绍随钻测量 (MWD) 工具和随钻测井 (LWD) 工具,及随钻测量工具配备的传感器和可测量的参数。

(1) 基本轨迹参数包括:①井斜;②方位;③工具面。

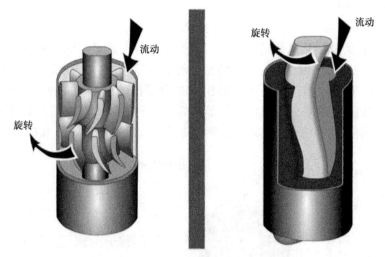

图 1.104　螺杆钻具的细节

（2）其他钻井传感器可测量的参数包括：①压力（底部钻具组合内部的压力和环空压力）；②温度；③钻压；④钻头转速；⑤钻头扭矩。

（3）随钻测井工具（LWD）包括岩石物理传感器，可测量的参数包括：①伽马射线；②电阻率；③声波；④密度；⑤其他岩石物理评价参数。

该工具的设计目的是将这些数据存储在内存中，也可以实时传输回地面。

该工具包括以下部分：

电源：它由一组锂电池组成，在预期的井下温度范围内使用。还可以在钻井液流道中安装一个小型涡轮发电机，通过井下的钻井液流动中产生动力并为电池充电。方向传感器部分通常包括三个加速度计和三个磁力仪。测井部分包括测量岩石物理数据的测量工具。这两个部分和其他电子元件位于随钻测量（MWD）/随钻测井（LWD）工具的壁面上，由固体非磁性钢加工而成。目前正在使用数据传输系统有三种：钻井液脉冲（数据传输速率为40bit/s）、声波（数据传输速率为50bit/s）、电磁（简称EM，数据传输速率为10bit/s）和有线管道（数据传输速率为50kbit/s～1Mbit/s）。

钻井液脉冲系统：钻井液脉冲系统在钻井液流道中或在流道旁路中使用一个阀门，从而产生正或负钻井液脉冲。当循环压力发生10～50psi的变化时，可在地面上检测到这种脉冲。为了控制作业，这些数据必须是连续的。对于测量或测井信息，将这些数据压缩和编码，以便有效地传输，并作为备份保存在工具存储器中。这项技术在作业中没有实际井深限制，但依赖于良好的钻井液性能。

电磁系统：电磁系统采用电磁脉冲或电流将数据通过地层传送到地面天线。数据可以在任何时候传输，但在井深和钻取的地层类型方面存在限制。当然，当钻井流体为空气或在欠平衡钻井作业中，电磁系统也可以使用。

有线钻杆：有线钻杆是一项新技术，它需要在钻柱组件中安装导体来实现数据传输。这些组件虽然价格昂贵，但可靠性高。该系统可在钻井过程中获得高质量的实时数据。

1.19.4　旋转导向系统

目前最先进的定向钻井工具是旋转导向系统（RSS），如图1.105所示。该工具的上部组件与前面叙述过的随钻测量和随钻测井工具类似。该工具可与电动机组合使用或在旋转模式（从地面旋转）下使用。图1.105的左上角是该工具的一个截面。非旋转套筒由三个导向垫块支撑在井壁上，通过加压可以将BHA的底部推向相对于井的任何预期方向，从而改变所钻井的方向。活塞是由工具内的计算机系统进行控制的，该系统通常基于钻井泵的启停将指令传达给工具。旋转导向系统主要分为推靠式（如上所示）和指向式。

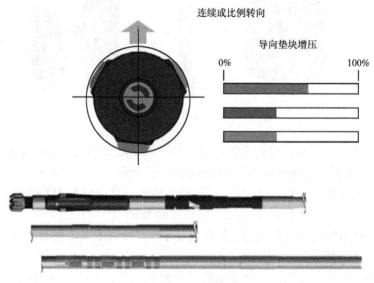

图1.105　旋转定向组合

综上所述，旋转导向系统和随钻测井系统组合具有以下优点：

（1）钻柱可实现连续运动，加快钻井速度，减少卡钻的可能性；

（2）泵连续工作，可进行更好的井眼清洁；

（3）减少/消除更换钻具组合的起下钻作业；

（4）可钻出更复杂的井眼轨迹；

（5）使井眼轨迹与设计轨道接近；

（6）可进行地质导向；

（7）可以更容易地命中更小的靶点；

（8）允许大位移钻井；

（9）可与一系列的岩石物理测量工具一同作业。

当油井需要侧钻时使用斜向器（图1.106）。侧钻是指将油井从现有的套管中钻出并钻进邻近的地层。例如：从原始井筒中获取油气，或通过已钻地层获取岩心。

斜向器顶部有一个锥形元件，底部有一组类似封隔器的卡瓦。它通过钻柱下入井内，使锥形段的端面朝向预定的侧钻方向，并在所需的深度下入套管。如果井不是垂直的，侧钻可能会出现在井的"高边"或"低边"（图1.107）。

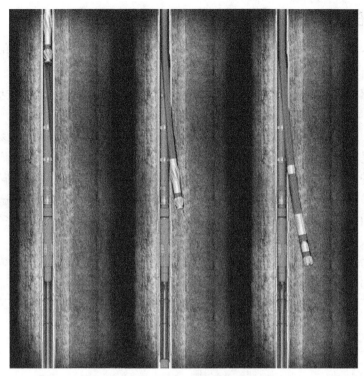

图 1.106   用于侧钻的斜向器

侧钻钻具组合通常包括一个套铣头而不是一个钻头。套铣头"启动"导向锥，切开套管壁，从现有井眼中侧钻出一个新井眼，然后取出该钻具组合。接着，下入标准钻具组合，进行常规钻井作业。

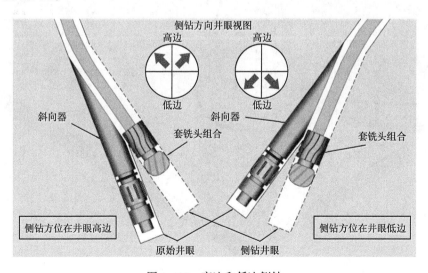

图 1.107   高边和低边侧钻

1.20　井眼轨迹

前文已经介绍了基本的垂直井、倾斜井和 S 形井。然而，现代定向钻井技术能够钻出更复杂的井眼轨迹。

保持规模感很重要。最深的井就像是用意大利面条从足球场的一端开钻，一直钻到球场的中间。

以图 1.108 所示的典型复杂井眼轨迹为例（该井位于挪威海上区块）。该井从一个浮动钻井单元开始垂直钻进，再通过一个较大的造斜度，顺时针旋转一个大圆弧，直至储层深度。之后开始进行侧钻（图 1.108 中轨迹 A），可能是为了确定该区块的侧向范围和储层质量。然后，该井在储层水平钻进至完钻井深（TD）（图 1.108 中轨迹 B）。这一区域很可能是使用地质导向工具使井眼保持在储层中。第二个侧钻井钻达一个新的完钻井深（TD），可能是为了确认储层的实际深度。

使用现代的定向钻井技术可以实现这种复杂井眼轨迹，用于从地下获取信息和（或）生产。这类井的成本可能高达 1 亿美元，因此以这种方式优化价值至关重要。

> 2011 年 1 月 28 日，在俄罗斯萨哈林岛的奥多普托（Odoptu）油田钻成世界上最长的井眼，总测深（MD）为 12345m（40502ft），水平位移为 11475m（37648ft）。

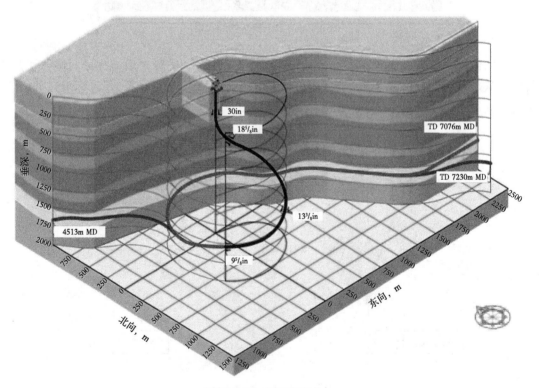

图 1.108　极限定向井

从另一方面考虑，页岩气的开发要求油井与地层中尽可能多的裂缝相交。考虑到这些裂缝网络通常是垂直的；这就要求水平井的井距必须很近。图 1.109 显示了一个典型的这些井的布局。在这种情况下，一个井位中钻出 4 口井。这些井是多分支井，也就是说，有一个主井眼，从主井眼中侧钻出其他分支。更多关于多分支井的资料见下文。

页岩气水平井开发

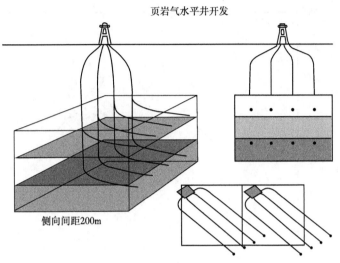

侧向间距200m

图 1.109　从一个井位钻出的页岩气开发井

应用大位移井从储层中横向穿过而不是井眼中心通过储层。

图 1.110 所示为维奇法姆（Wytch farm）油田（最初由英国石油公司钻探），展示了从英国普尔以南的陆地位置到距离地面横向偏移 10km 的井下位置（图 1.110 中圆点）的钻井

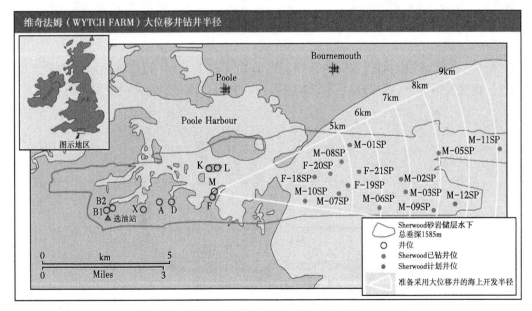

图 1.110　维奇法姆（Wytch farm）大位移井（ERD）

情况。在这种情况下，避免了昂贵的海上开发结构和重大的环境影响。

下面介绍其他先进的井眼轨迹。

钩形井：钩形井（图 1.111）的井斜角可大于 90°。在这个井型中，井眼是向上钻进的，以便从文莱海上现有的一个平台位置开采被倾斜断层圈闭住的石油。最大井斜角为 167°。

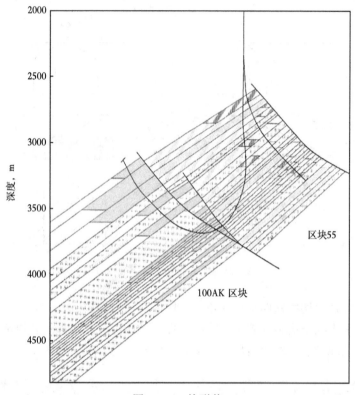

图 1.111　钩形井

蛇形井：为了开发相邻断块中的石油，蛇形井（图 1.112）用以连通水平方向上的多个靶点。在这种情况下，侧向转向用于左右转向；同时，该井型通常会使用地质导向。

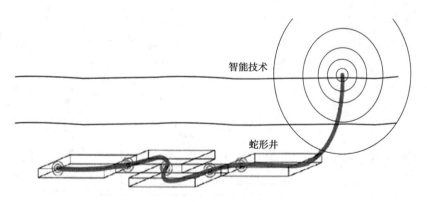

图 1.112　蛇形井

多分支井（MLW）：多分支井可用于从一个"主井眼"连通不同的靶点（图 1.113）。与单井相比，该方法的优势在于，只需要钻一次盖层。多分支井的分类有很多种，这些分类与不同井眼之间的连接结构有关，具体来说与所达到的密封程度有关。多分支井的一个缺点是，在油井的全生命周期内，随后重新入井以管理储层也可能会很麻烦。

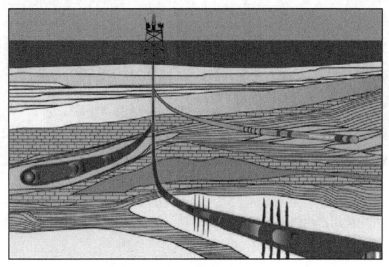

图 1.113　多分支井

图 1.114 绘制了大位移井的水平偏移距离与垂直深度的关系图。这个"大位移钻井长度包线"近年来不断得到扩展。最大水平偏移距离可达 36000ft（垂深为 4000ft）；大位移井的最大垂深已达到 40000ft。

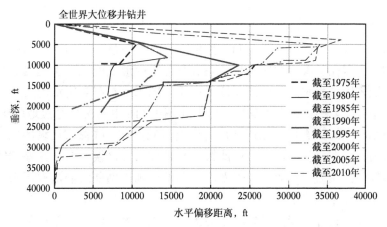

图 1.114　大位移井钻井发展情况

在某些情况下，油藏中需要平行井。用于稠油生产的蒸汽辅助重力泄油（SAGD）井就是一个很好的例子。蒸汽注入井筒中，加热储层，降低原油的黏度，促使油流进入与注蒸汽井平行的生产井（图 1.115）。

图 1.115　蒸汽辅助重力排驱井

在第一口井中使用产生强电磁场的测井工具，为使用随钻测井技术平行钻第二口井提供参考。

1.21　卡钻

本章的大部分内容都是讲述作业按计划顺利进行的情况。本节介绍了钻井过程中面临的一个问题——钻具卡在井筒中，或者更简单地说"卡钻"。考虑到油井投资巨大，并且如果井眼不安全可能会出现更多潜在问题，所以通常不能对油井进行"重新开钻"。卡钻的详细原因如下：

（1）压差卡钻。

压差卡钻是最常见的机理。图 1.116 左侧所示的是井眼一侧的滤饼如何干扰钻具组合的。压差卡钻是由多孔、渗透性地层与钻井液在井眼内形成的压差引起的。当钻至枯竭储层或使用钻井液密度过大时，这种情况最为严重。图 1.116 右侧所示的是一口井的井眼横截面。在正常钻井作业中，钻井液静液柱压力（图 1.116 中的 p_h）超过地层压力（p_f）。压差通常设计为 200~300psi，但在枯竭地层，压差可能更高。在渗透区域的压差迫使钻井液滤液进入渗透岩石，在井壁上留下一层滤饼。当钻杆与井筒接触时，井壁滤饼中的钻杆表面暴露在地层较低的压力下，而钻杆表面的其余部分则在钻井液静液柱压力下。由此产生的压差将钻柱牢牢地压到井壁上。

井壁滤饼越厚，钻杆与较低压力地层的接触面积越大。压差卡钻通常发生在钻杆处于静止状态时。更多的滤饼沉积形成架桥，导致有效接触面积显著增加。随着时间的推移，压差卡钻会越来越严重。快速运动——上下活动或旋转钻杆——对于解除压差卡钻是十分必要的。避免此种和其他类型的卡钻的方法将在下文予以介绍。

（2）井眼清洁不良。

由于泵排量不足，导致环空流体流速低于最小携岩返速，因此经常出现井眼清洁不良

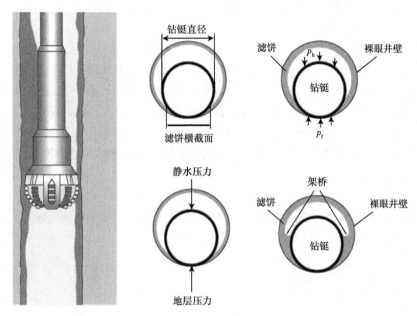

图 1.116　压差卡钻 [油田综述版权，已获斯伦贝谢（Schlumberger）公司许可使用]

的问题（图 1.117）。如果钻井泵的排量足够大，钻井液性能良好（塑性黏度——在钻井液流动时携带岩屑；屈服点——当停止循环时，暂时使岩屑悬浮在环空中），这种卡钻是可以避免的。在直井中，问题通常较少。井斜角在 50°~65°之间时，往往会出现问题。这是由于井斜角在 40°~75°之间时，在井较低一侧堆积了岩屑床。与人们的直觉相反，在水平井中，井眼清洁不良这一问题并不太严重。这是因为在水平井中，旋转的钻柱会将井眼较低一侧的岩屑搅动，使其回到流道中的缘故。

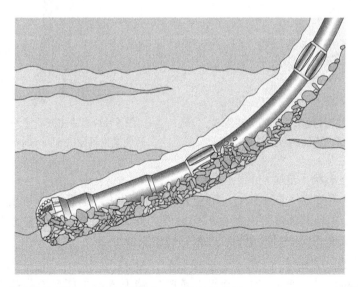

图 1.117　井眼清洁不良 [油田综述版权，已获斯伦贝谢（Schlumberger）公司许可使用]

软件可以用来模拟所有这些类型的问题，并确定所需的钻井液特性、给定井眼剖面的泵排量、井眼尺寸和底部钻具组合。

（3）化学敏感性地层。

化学敏感性地层（图1.118）会经常钻遇到。这些地层中的黏土往往与钻井液中的滤液发生反应，导致地层膨胀挤压井筒并卡住钻柱。在预计会出现此类问题的地方，可以使用添加抑制剂的水基钻井液或油基钻井液来将这种影响降到最低。这种反应也很依赖时间，因此，在钻遇该井段时，钻井作业的重点是尽快钻进，下套管和注水泥。化学敏感性地层的应对方法还可以将底部钻具组合（BHA）来回运动几次，刮掉井筒中膨胀的黏土，使得该剖面"扩眼"。

（4）钻柱振动。

如果允许钻柱冲击井壁，就会发生钻柱振动（图1.119）。易碎但稳定的地层在这种情况下会发生破裂，岩石可能会掉入井筒，将钻柱卡住。

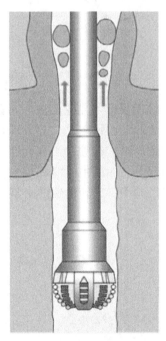

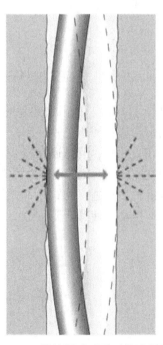

图1.118 化学敏感性地层［油田综述版权，已获斯伦贝谢（Schlumberger）许可使用］　　图1.119 钻柱振动［油田综述版权，已获斯伦贝谢（Schlumberger）许可使用］

（5）井眼几何形状不规则。

井眼几何形状不规则（图1.120）可能是由于底部钻具组合、钻井液体系或钻井方法选择不当造成的。这种问题最常出现在不同地层之间的界面上，导致壁面凸起或其他尖锐部分卡住底部钻具组合，特别是在上提底部钻具组合时。

（6）裂缝性地层和断层。

裂缝性地层和断层（图1.121）在钻头或稳定器下入后可能会发生故障或掉块落入井中。由于钻速过快、地层漏失、钻柱振动以及钻井液性能不足，这种效应会进一步加剧。

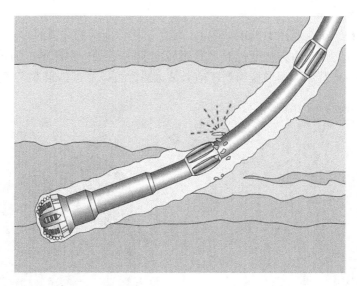

图 1.120　井眼几何形状［油田综述版权，已获斯伦贝谢（Schlumberger）公司许可使用］

（7）非胶结地带。

非胶结地带（图 1.122）通常是该井顶部井段的典型砂层。解决这些问题的方法是采用高循环速率（在较大的环空中运移松散的砂粒）和使用最佳钻井液密度。不幸的是，这种冲刷可能会导致井眼扩大。

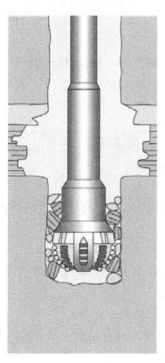

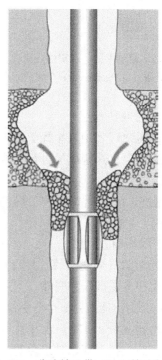

图 1.121　裂缝性地层和断裂地层［油田综述版权，已获斯伦贝谢（Schlumberger）公司许可使用］

图 1.122　非胶结地带［油田综述版权，已获斯伦贝谢（Schlumberger）公司许可使用］

（8）键槽卡钻。

键槽卡钻（图1.123和图1.124）通常出现在钻柱切削一侧井壁的时候，导致井壁上产生第二个凸起部分。这是由狗腿度较大（井眼转向非常剧烈）引起的。通过在钻铤顶部安装稳定器打开井眼来避免。如果检测到键槽卡钻，通常可以通过扩眼方式来消除这种影响。

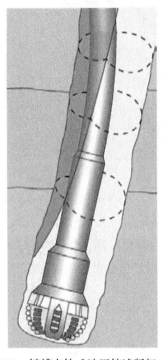

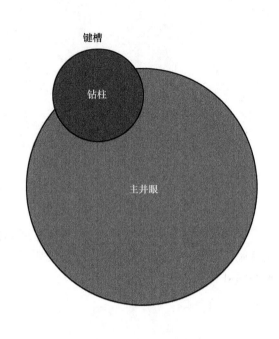

图1.123　键槽卡钻［油田综述版权，已获
斯伦贝谢（Schlumberger）公司许可使用］

图1.124　键槽卡钻井眼截面

（9）异常高压地层。

异常高压地层（地层中孔隙压力当量钻井液密度大于钻井液重量）（图1.125）通常为页岩或泥岩地层。这些地层岩石有破碎并落入井筒的趋势。

（10）盐层。

由于刚刚钻过的井筒影响了局部应力状态，盐层（图1.126）有一种特殊的向井筒内挤压的趋势。

（11）固井相关问题。

与固井相关的问题（图1.127）可能会出现，特别是在套管管柱底部的"鼠洞"中，裸眼段水泥很容易破裂和失效。

（12）井内落物或井眼小于标准尺寸。

井内落物（图1.128）或井眼小于标准尺寸（图1.129）通常是由于钻井操作不当造成的，如下入或上提底部钻具组合的速度过快，落物或牙轮掉入井中。

卡钻的代价是高昂的，已知的单起事故就造成超过1亿美元的损失。典型的钻井现场卡钻征兆有：

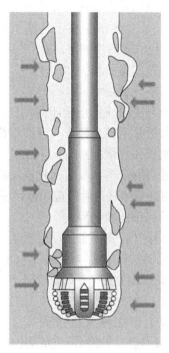

图 1.125　异常压力地层［油田综述版权，已获
斯伦贝谢（Schlumberger）公司许可使用］

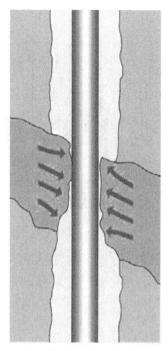

图 1.126　流动盐层［油田综述版权，已获
斯伦贝谢（Schlumberger）公司许可使用］

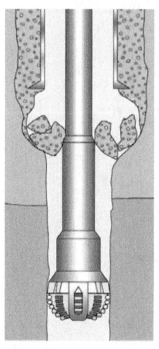

图 1.127　水泥相关［油田综述版权，已获
斯伦贝谢（Schlumberger）公司许可使用］

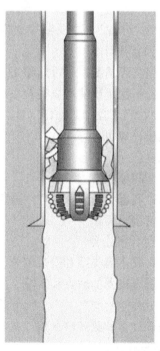

图 1.128　井内落物［油田综述版权，已获
斯伦贝谢（Schlumberger）公司许可使用］

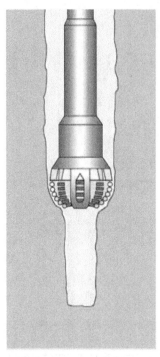

图 1.129　井眼小于标准尺寸［油田综述版权，已获斯伦贝谢（Schlumberger）公司许可使用］

（1）在振动筛上收集到页岩崩落体（破碎体）。它们与岩屑的区别在于这些页岩崩落体具有较大的尺寸和弯曲的表面；

（2）扭矩和阻力增大；

（3）天然气含量增大；

（4）循环受限或停止循环；

（5）井眼钻井液充液量与预期不符；

（6）机械钻速增加；

（7）岩屑和崩落物没有水化或疏松。

在检测到有卡钻风险时应采取以下措施：

（1）确保钻井液循环；

（2）如果钻柱在向上运动时遇卡，施加扭矩，向下震击；

（3）如果钻柱在向下运动时遇卡，不要施加扭矩并向上震击；

（4）震击作业应该从轻负荷（50000lbf）开始，然后系统地增加到最大负荷；

（5）如果震击不成功，在条件允许的情况下，考虑使用酸性制剂。可将酸性液体泵入到底部钻具组合周围进行解卡。

为避免"卡钻"，在钻井规划阶段应在以下方面有所考虑：

（1）简化设计。

①根据实际情况，尽可能缩短底部钻具组合的长度；

②去掉不使用或使用概率较小的工具；

（2）权衡钻铤/加重钻杆（HWDP）尺寸与下列因素的关系。

①钻压（WOB）；

②刚度；

③环形间隙；

④通过底部钻具组合的环空返速；

⑤井壁接触面积。

（3）优化震击器。

①优化震击器类型和安装位置，使用 1 个或 2 个震击器；

②了解震击器的缺点和影响。

（4）尺寸。

①精确计量和测量（长度、外径和内径），涉及以下工具：

a. 钻头；

b. 稳定器；

c. 底部钻具组合中的所有工具。

②确保使用卡点指示器/松开工具。

（5）井下可视化。

①记录所有井眼问题；

②绘制井下情况示意图；

③注意底部钻具组合在起下钻和钻进过程中的变化。

（6）记录。

① 认证、检验、记录作业时间；

② 重新安装或更换已经达到最大工作时间的工具（如震击器、电动机）。

1.22　打捞作业

打捞作业是恢复下列项目的作业，即：

（1）在钻井作业过程中卡钻；

（2）机械故障损失：

①扭断——施加在钻柱上的扭矩过大；

②钻头牙齿脱落并留在井中。

（3）起出完井设备用以修井或侧钻作业；

（4）落物——物品不小心掉到井眼中。

对于钻柱，司钻需要知道在钻柱最薄弱的部分失效之前，他能施加多大的拉力、扭矩和压力。失效机理包括以下一种或多种：

（1）扭断（由于扭矩引起的钻杆或连接失效）；

（2）拉力过大（由于拉力引起的钻杆或连接失效）；

（3）冲蚀（钻杆内泵入的钻井液使其冲蚀穿孔）——导致失效；

（4）循环载荷（金属疲劳）；

（5）裂纹扩展［如由硫化氢环境中的硫化物应力腐蚀开裂（SSC）］；

（6）部件不匹配（导致局部应力集中），钻头牙轮失效；

（7）物件意外地从地面落入井中。

总之，很多原因会导致卡钻、扭断、冲蚀、破裂等。虽然我们在这里关注的是钻井中遇到的卡钻情况，但在起下油管、套管、电缆和钢丝作业中也有相似的卡钻机理。

卡点理论认为，钻柱被卡住的那一点，既不存在扭转应变，也不存在轴向应变。可将检测工具下入钻柱中，并锁定在钻柱内表面上，通过在地表施加拉力和（或）扭矩时检测钻柱微小应变。不断下放工具，直到检测到最深的卡点为止。下一步是对钻柱施加左旋扭矩（通常为上扣扭矩的 60%~70%，但总是小于拧开最弱连接所需的扭矩），并在卡点上方钻柱相应的第一个自由连接点施加一个小型爆破。点燃炸药，"炸"开连接，可将卸扣点以上部分取回到地面。对于钻铤，使用一种"碰撞"工具可以产生非常强大的爆炸。套管和油管更加脆弱，经常使用化学切割器来进行解卡。化学切割器溶解管道，切割精确且无碎屑。

取出底部钻具组合的卡点以上部分后，将在井场完成计算以确定下一步的处理方式。是回堵、放弃井中卡点以下部分并侧钻，还是对底部钻具组合卡点以下部分进行打捞。需要考虑以下方面：

（1）落鱼的价值，如旋转导向和随钻测量（MWD）、随钻测井（LWD）、地质导向工具的昂贵；

（2）侧钻的成本（也很昂贵）；

（3）环境因素（例如，岩石物理测井仪的放射源丢失在井内）；

（4）被打捞设备的上部情况；

（5）井深及井眼情况；

（6）钻机费用与设备成本之比；

（7）更重要的是，打捞落鱼作业成功的可能性。

打捞回收落鱼需要一系列的专业工具。打捞价值大的作业需要由具有相关作业经验的专业承包商来完成。

典型的打捞工具包括以下种类。

（1）释放和循环打捞筒。

释放和循环打捞筒是最常用的工具，其设计与落鱼顶部相适应。该工具包括一个锁定在落鱼外径上的螺旋捞钩和一个允许落鱼向下循环的密封装置。要求有充分的张力和扭矩来使组件解卡。

（2）可退打捞矛。

可退打捞矛是用来啮合落鱼的内孔。该工具和打捞筒的一个特点是，它们可以在任意落鱼上释放（通常为左旋）。

（3）打印铅模。

打印铅模用于探测井下落鱼顶部形状和位置的一种铅印模，以帮助打捞工程师确定他们试图打捞的落鱼的确切轮廓。在完井打捞作业中，通常在井内使用清澈的盐水泥浆，也可以使用电视摄像机进行相同的作业。

（4）打捞公锥。

打捞公锥有一个锥形的螺旋轮廓，可拧入落鱼内孔。由于没有释放机构，在工具上方有一个安全接头。如果其他方法都失败了，可以通过安全接头将落鱼释放。

（5）一把抓。

一把抓是用于打捞小物件的工具，如打捞钻头牙齿或偶然掉进井里的工具。

（6）打捞篮。

打捞篮通过快速循环喷射井底来收集井底非常小的物件。落物被举升到环空中。在环空中截面的增加使得流速降低，落物进入到打捞篮中，并将其回收到地面。

（7）其他工具（如磨铣工具）。

磨铣工具可从落鱼顶部开始进行磨铣作业。现代刀具在铣削底部钻具组合部件和套管方面取得了惊人的快速进展。

打捞的底部钻具组合通常包括：打捞筒（释放）、震击器、钻铤、水力震击器、钻铤、加速式震击器和加重钻杆（HWDP）等。

打捞作业可能需要几天的时间，并且往往只能打捞出部分落鱼。为了避免将额外的设备卡在井中而使情况变得更糟，钻井人员采取了谨慎的措施。内径和外径、剖面、组件长度和强度等信息对打捞是至关重要的，这些信息在每个钻具组合运行之前就已收集到。此外，还要保存一份关于回收落鱼的详细记录，这样，一旦取出最后的部件，井眼的情况就清楚了。该过程会涉及使用钻机需要提供的最大载荷。回收的底部钻具组合组件在重新使用前要经过检查。

1.23　地层评价

在大多数钻井作业中，都需要对所钻地层进行评价。对于探井来说，这将是首次有机会确认岩性和包含油气的流体存在。这些数据对于决定是否对评价井进行进一步投资至关重要，并最终为油田开发所需的投资决策提供信息。

对于开发井来说，虽然主要目的是从储层采出（或注入），但通常需要获取数据来更新地质和储层模型（压力和接触深度等），并确定生产油管的尺寸。

地层评价信息来自以下方面：

（1）岩屑和放喷管线数据；

（2）连续取心；

（3）岩石物理测井；

（4）地震"检查"爆破（声波速度测量）；

（5）井壁取样；

（6）重复地层测试工具；

（7）试井。

本节将逐一讨论这些问题。关于岩石物理性质的细节可以在本书的其他地方找到。

1.23.1　岩屑和放喷管线数据

按照预定的钻井间距提取岩屑是标准要求的，比如在储层上方每 10ft 提取一次，在储层内部每 1ft 提取一次。岩屑从振动筛和任何其他固体去除设备中取出，以确保取样具有代表性。需要考虑岩屑在井中向上运移的延迟时间，以及岩屑与钻井液之间的滑脱。通常，清洗后的岩屑在井场进行描述，并进行记录和装袋，以便将来进行分析。

此外，需要连续监测放喷管线中返出的钻井液温度、气体和其他油气显示以及流体的矿化度。气体返出物可送入色谱仪，以测量气流中的 C_1（甲烷）、C_2（如乙烷）、C_3、C_4 和 C_{5+}，以及任何 CO_2 和（或）H_2S 的含量。所有这些信息，连同基本钻井参数和钻井液性质，都记录在一个钻井液日志中，供办公室工作人员每天使用。

在基础开发井中，可以排除这种评价的因素；然而，在勘探和评价井中，通常会部署专门负责这些工作的"钻井液测井"人员，并对井位进行持续监测，以确保井控安全。

1.23.2　连续取心

回收的岩心可直接用于测量岩石的物理性质，也可以详细描述岩性和其他只能在英寸范围内识别的地下特征。

实际取心时使用取心筒，如图 1.130 所示。取心筒包括一个取心钻头（有关钻头的部分见图 1.131），取心钻头通过螺纹连接在外取心筒上，外取心筒包括一个连接在下部钻具组合上的近钻头稳定器。取心时，内筒不旋转，筒体在岩心上滑动。当取心装置进入井中

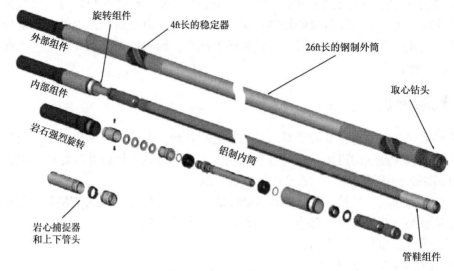

图 1.130 取心钻具组合

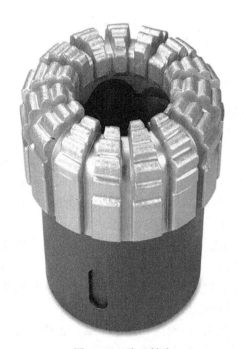

图 1.131 取心钻头

后，就会进行投球，将内筒周围的液体转而流向钻头。然后，要尽可能平稳地切割岩心，避免拉掉岩心底部。当内筒填满岩心后，将钻头提离井底；岩心从内筒底部断开，并通过"岩心捕捉器"装置保存在组件中。取心装置随后回收到地面，取出内筒，将岩心本身切割成 3ft 长的岩心柱，放入托盘进行进一步的描述和分析（图 1.132）。需要注意的是，在储层压力下，气体可能会被封闭在取心筒中。

取心的作业决策（称为"取心点的选择"）可能比较困难。如果开始取心的位置太浅，将花费大量时间在收集盖层岩石上；如果开始取心的位置太深，又会错过目标地层，而取不到有效岩心（或采取更加昂贵的侧钻来再次进行取心），损失地层信息。取心点是根据随钻测量数据、岩屑和机械钻速（ROP）等钻井参数进行选择的。

一次可以取不同长度的岩心，但需要在取心的长度与无法回收的概率之间进行权衡。通常可取长度为 30ft、60ft、90ft 或 120ft 的岩心。取心总是需要额外的起下钻来操作取心装置，而取心的机械钻速往往非常缓慢，以最大限度地回收岩心。岩心采收率（以钻取岩石的百分比表示）通常为 95%~100%，但在疏松地层中，采收率可能要低得多。

取心有几种不同的作业方法：定向取心采用取心筒和定向仪器的组合，可以为保持井筒内的岩心定向做参考。加压取心是另一种可以在储层压力下保持岩心的方法，这样就不

图 1.132　检查托盘中的岩心

会影响流体含量的重要数据。也可以采用更复杂的方法，包括冻结岩心等，来保护地表的岩心。

1.23.3　岩石物理测井

20 世纪 20 年代，斯伦贝谢公司（Schlumberger）率先开展了电缆测井业务，该公司至今仍将电缆测井视为其标志性服务。电缆作业是将一个测井探测仪用包含几个电导体的电缆送入井中。电缆通常为 7 根导线，但在某些作业中也可以是一根导线。电缆为测井工具提供动力和双向数据通信，为井下工具提供物理支持。

通常情况下，测井工具下入井中后，通过缓慢地上提工具来测量地层、套管或水泥的一个或多个特性。表 1.11 是最常见的岩石物理测井参数。

表 1.11　常见的岩石物理测井参数

裸眼井		套管井
伽马射线	表面张力	水泥胶结质量
密度	地层流体	生产压力、温度、产量
声波传播时间	地震（声波到地面时间）	套管接箍位置
电阻率（在不同的深度或实验中测量）	地层压力、温度	流体接触面位置
孔隙度	地层流体取样	射孔
井眼几何形状	地层井壁取心岩心	卡点指示器
元素分析		管道分离

大多数的测井工具可以同时进行作业，以优化钻机的使用时间。在需要多次作业的情况下，通常首先采集最重要的数据，以防井况恶化而收集不到后续数据。一些测井工具（如测量密度、孔隙度的工具）中含有放射源，必须在地表小心地进行处理。无论哪种情况下，都不能将工具落在井下。

有一些测井工具（例如测量密度、孔隙度、井眼几何形状以及取样工具）含有从工具延伸到接触井壁的机械臂。

电缆测井贯穿于油井作业的所有阶段——钻井、数据采集、套管和油管作业、测试和生产作业，以确保油井的完整性。如果电缆在带压情况下下入井中，则需要安装一个电缆防喷器和防喷管，使得测井工具能够顺利入井运行。

在井场，电缆作业由电缆作业车（陆上用，图 1.133）或集装箱大小的模块化单元（海上用）进行管理。两者本质上是相同的，为绞车提供动力和控制系统，加上电子和计算机系统来处理数据、存储数据，并将其传输到其他办公地点。滑车在井架和吊钩上进行加固，使测井工具易于操控。下滑轮锚上的装置测量大绳承受的张力。对于水下作业，可用一种特殊的滑轮组来补偿钻机的运动。

图 1.133　电缆测井卡车

如果测井工具卡在油井里，可以像打捞其他落物一样来打捞测井工具。由于它们的价值很高，因此通常会尽力打捞它们，在这种情况下，将打捞的部件从电缆上"剥离"。尽最大努力打捞任何含有放射源的工具，如果它们留在井内，则不能继续钻井，并在其上方注水泥加以覆盖。大多数国家都要求得到通知或明确批准，才能进行此类作业。

不能将电缆与用于下入井桥塞和其他机械装置的钢丝绳混为一谈。钢丝绳为实心（而不是编织的）结构，不包括导线。

在大斜度井中，由于摩擦力很大，需要采用辅助工具才能将测井工具下入井内。这可以通过以下方式实现：

（1）用牵引器沿着井筒拖动工具。牵引器是一种通过坐放钳形夹具抓紧井筒，沿井筒拉动工具的设备。

（2）在钻杆下入电缆工具。在这种情况下，电缆从钻杆内下入。这就是所谓的硬电缆测井（TLC）技术。

这两种技术都有挑战性，而且并不完全可靠。

对各种测井工具的详细描述超出了本章的范围。不过，有两个常见的工具值得介绍一下。

地层测试器：地层测试器［如重复地层测试器（RFT）或组件式地层动态测试器（MDT）］是用于获取地层流体压力数据、流动信息和试样的工具，如图1.134所示。RFT下入到井中目标位置后，伸出一个机械臂将橡胶垫压在井筒上。然后，一个金属探针穿过滤饼并打开——直到内部真空室。然后，地层气体就能进入真空室。可获取压力、温度和流量数据。试样也可以密封并回收到地面。用这种方法可以获得井内多个数据点。MDT可以保存多个样本，可以将样本室"泵出"到井筒中，并含有一个光学传感器，可用以确定井下石油或天然气是否已被取样。使用该工具是在不进行试井的情况下测量地层压力和井下渗透率的唯一方法。

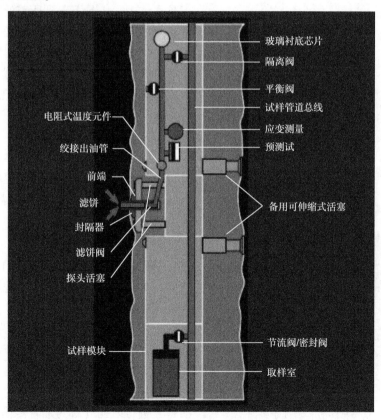

图1.134　地层测试工具

井壁取心工具：井壁取心工具如图 1.135 和图 1.136 所示。该工具包含一套横向安装在工具内的空心"子弹"，每颗子弹的后面都装有炸药。每颗子弹都用两股电缆缠绕固定在

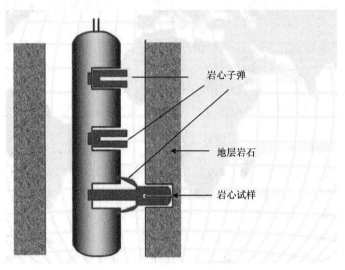

图 1.135　井壁取心工具示意图

图 1.136　井壁取心工具实物图

工具本体上。工具下入到所需的深度后，子弹就会发射并嵌入地层中。然后把该工具抬高几英寸，用电缆把子弹拉出来。对于侧壁岩心所在的每个深度，都要重复这个过程。取心完成后（正常情况下是 15 孔或 30 孔），将工具回收，并从子弹中提取侧壁岩心，工具可以重复使用。

井壁取心具有速度快、成本低等优点。同时，它也有易受近井流体侵入效应的影响，获取的岩心体积太小，难以进行渗透率测试等缺点。

1.23.4　射孔

采用生产套管固井和（或）尾管固井的油井，整个储层中的套管需要进行射孔。射孔是使用射孔弹穿过套管、水泥，进入地层并在地层中留下一定的距离（通常为 10 ~ 30cm）。其原理是通过创建一条不妨碍流动的路径来获取油气（图 1.137 和图 1.138）。

可以使用电缆射孔枪进行射孔，也可以在油管上进行射孔（称为油管传输射孔，TCP）。前一种作业与测井作业相似；这些射孔枪位于

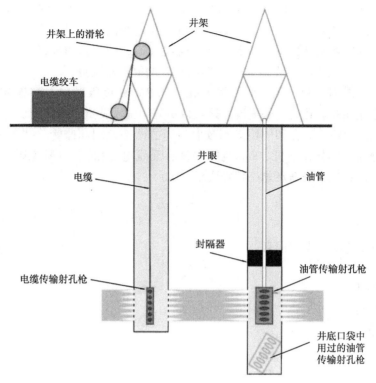

图 1.137　射孔作业

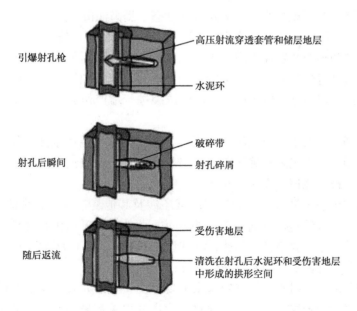

图 1.138　射孔枪

相对于地层伽马射线信号的深度，并接收来自地表的电信号。射孔枪可以连接在一起形成一个长串，同时射孔。射孔枪是根据每英尺射孔数来指定的，并且射孔的相位可以变化。例如，每个射孔枪的径向偏移 120°。

采用油管传输射孔（TCP），射孔枪在完井油管的底部工作，并与要射孔的储层并排放置。射孔枪可以通过地面施加的压力引爆，也可以通过在油管内投棒引爆。一旦引爆，射孔枪可能会与完井装置断开，并掉落到井底，脱离流道。因此，如果打算使用油管传输射孔（TCP），井通常要多钻几米的深度，以容纳废弃的射孔枪枪身。

虽然可使用电缆射孔枪，但油管传输射孔（TCP）在负压射孔方面具有更好的潜力。负压射孔是故意让油井射孔后立即返流。这可以更好地清洗孔道，从而减少地层伤害。

井场爆炸物的运输、储存和使用受到政府当局的严格控制和监管。井场采取的预防措施包括无线电静默（例如在钻机 500m 范围内没有无线电传输），以避免爆炸物过早爆炸。当然，也可以采用新技术来满足这一特殊要求。

1.24 试井

试井可以提供以下数据和信息：

（1）产量；

（2）流体性质；

（3）流体成分；

（4）出砂量；

（5）最大产能；

（6）压力；

（7）温度；

（8）结合资料，验证储层潜力，确定油井动态，提高油田产能。

只有通过进行实际的生产测试才能获得油藏生产能力的确切信息（图 1.139）。

通常在评价井和早期开发井中进行生产测试。该作业包括使用封隔器、采油树和测试管柱中的各种工具进行临时完井。这可能包括井下存储仪表和滑套阀，以允许不同层位的射孔和生产。它还可以通过用酸化压裂或加砂压裂进行增产作业，这将是"实际"生产井所需要的。

在地面，井场上安装了一个临时生产系统，用来分离可能产生的气体、石油、水和固体物质。通常采用取样系统来精确测量各种燃料的产量。这些油气可能被引到合适的现有油气基础设施中，或者烧掉（图 1.139）。

通过钻井船或半潜式平台进行的生产测试还涉及其他复杂问题。采油树（在钻台上）固定在海床上，需要弹性连接以适应船只的升沉。此外，如果钻机和海床防喷器之间需要紧急断开，测试管柱也需要松开。为此，测试管柱中使用了水下测试树（SSTT），它可对闸板防喷器进行密封，并能够使用井下安全阀进行封井。

生产测试采集的信息对于最终确定未来需要多少口生产井及其生产井的设计基础至关重要。例如，如果发现地层出砂，可以通过在生产井中采用砾石充填完井来控制。如果没有生产数据，防砂可能被忽略，由此导致的安装防砂工具的修井作业的费用高昂，而且肯定会延误生产、项目回收期并损害项目的整体经济效益。

图 1.139　海上试井火炬

1.25　压裂和增产

压裂和增产是一个完整的主题。在此，我们将着重讨论基本的实际问题。

压裂和增产措施有多种不同的选择。水力压裂（简称压裂）通常应用于水平井，即压裂产生的裂缝与储层中的天然裂缝连通（图 1.140）。通常可以通过打开裂缝并填入砂粒支撑裂缝来提高油井的最终采收率。这使得通过延伸的裂缝和额外的裂缝可以获得更大的储层容量，并降低沿裂缝的压降，从而提高产量。压裂是通过将高压水泵入裂缝中，然后将砂粒悬浮在黏性流体中来完成的（尽管在现实中，实际的泵入流体的顺序和配方更为复杂）。这种处理方法在水平井段应用时最为有效，现有技术可以在井段间进行有效处理。当投产时，这些井将注入的大部分流体返排出井（但砂粒仍留在裂缝中）。

在陆上进行水力压裂作业的地面设备包含许多混砂和泵排装置，它们排列在一个特殊的"水力压裂树"上，并由现场的一个中心操作室控制。图 1.141 说明了一个典型站点的规模。可以使用非常高的注入压力（最高可达 15000 psi），并且可以将大量（数百吨）的砂粒泵入任何一口井中。

压裂作业的成本与页岩气井钻井的成本相当。

酸化压裂通常用于石灰岩储层而不是砂岩储层，而且泵送的流体体积要小得多。在灰岩裂缝中使用盐酸或硝酸，可部分溶解地层，开辟油气运移通道。

在美国，尤其是页岩气开采过程中，压裂已经成为一项备受争议的操作。主要原因是如果裂缝穿透浅层饮用水含水层和（或）井的胶结性差以及（或）井的完整性在其生命周期中维护得不好，就会造成地下水污染。实际上，涉及这些问题的真实例子很少，而且这些问题是完全可以避免的。在英国，曾经有过一些非常小规模地震（里氏震级为 2~3 级）的例子。法国和保加利亚已经禁止压裂作业。

公众的看法很重要，所以该行业需要做得更好，来消除人们的忧虑。一些服务公司销售基于食品添加剂的压裂化学品，以帮助解决这一问题。

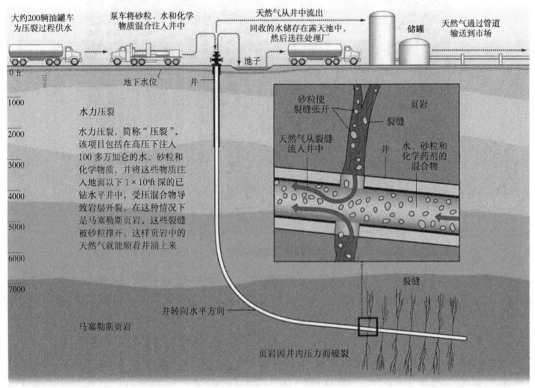

由Al Granberg绘图

图 1.140   压裂作业

图 1.141   井场压裂作业

1.26　井控和井喷

在本节中将讨论井控的各个方面。井控问题的主要原因总结如下：

（1）在起下钻时未能保持井眼中充满钻井液（保持合理的密度）。

保持井眼中充满钻井液是司钻的责任。司钻使用的钻井液补给罐是一种敏感检测钻井液池，随着钻杆的进出，确保井眼注入或返出完全正确数量的钻井液的装置。

（2）起钻时发生抽汲。

如果司钻将管柱上提出井口的速度过快，就会发生抽汲。这将导致井底压力暂时降低，井底压力可能会低于孔隙压力，从而导致流体（如气体、石油或水）流入井底。防止抽汲的方法是将钻具缓慢地提离井底，使用顶驱将钻井液泵入井中，保持钻井液处于良好状态，在井眼中的缩颈处划眼，并避免使用过多的稳定器。

（3）井漏。

如果钻井液密度不合适，可能会导致井内静压水头的损失。可以通过降低循环速率和在钻井液中使用堵漏剂（LCM）避免井漏。

（4）钻井液密度不足。

通过定期测试钻井液和尽量减少含气量，避免钻井液密度不足。

（5）孔隙压力异常。

孔隙压力异常不是完全可以避免的。然而，可以通过利用所有可用的地下信息进行适当的规划，并使用适当的钻井液密度来避免意外情况的发生。有一些技术，如计算 D 指数，旨在预测钻井时的孔隙压力。在孔隙压力不确定的情况下，尤其重要的是钻井人员要警惕井涌的迹象，如流量、机械钻速的增加，扭矩的变化等。

（6）钻穿邻近井。

钻穿邻近井这种情况偶尔会发生。但如果遵循正确的测量、钻井和油井隔离程序，则完全可以避免。当浅层地层充满流体时，更潜在的风险就出现了，可能是其他井的泄漏造成的。

如果所有这些问题都得不到正确的管控，其后果将是灾难性的。

井喷可以定义为地下流体不受控制地从一口井流到地面或从一个地层流到另一个地层。前者是最严重的，有可能造成井场附近的人员伤亡，并对环境造成严重的破坏。

在石油工业发展的早期，例如1902年的史宾杜他卜（Spindletop）油田（图1.142）有一口"成功"的油井。该油井在不受控制的情况下喷出了石油，之后人们收集和处理这些石油。

近年来最严重的井喷事故发生在2010年4月，英国石油公司（BP）在美国墨西哥湾Macondo油田的深水地平线钻井平台发生井喷事故（图1.143）。11名海上船员遇难，由此产生的石油泄漏对环境造成了非常严重的破坏。油井爆炸失控持续了几个星期。英国石油公司的声誉和市值遭到重创，公司、美国州和联邦机构纷纷提起诉讼和起诉。该油田的资产损失和开发受挫相当严重，清理工作花费了数十亿美元。

井喷类型及其原因见表1.12。

图 1.142　Spindletop 油田

图 1.143　英国石油公司 Macondo 油田的深水地平线钻井平台油井井喷

表 1.12　井喷类型及其失控原因

井喷类型	失控原因
初级井控失效——这通常是由于钻井液、湿水泥或完井液的静水压力损失造成的	人为错误（在钻机上操作失误，但也在设计阶段的错误）： （1）意识缺乏； （2）不遵守程序； （3）技能缺乏； （4）沟通失误； （5）在钻井和修井作业过程中发生抽汲
二级井控失效——钻杆安全阀、防喷器、井口、阀门等。	（1）设备故障：包括设计和维护； （2）人为错误：包括不遵守程序、知识缺乏、技能缺乏和出现危机时应对能力不足

井喷可以使用瑞士奶酪模型进行分析（图 1.1）。在 Macondo 油田井喷事故中，可能有以下原因：

（1）由于水泥浆设计、测试导致套管周围水泥粘结不良以及衬管扶正器使用不当；

（2）浮鞋和接箍缺陷；

（3）井涌测试不正确；

（4）发生井涌时，防喷器系统无法关闭/剪切钻杆；

（5）隔水管断开失败；

（6）地面分流故障；

（7）钻机上柴油发电机组发生气体吸入故障；

（8）在已关注这个问题时，未能停止操作；

（9）监管体系未能充分管理海上安全事项。

井喷事故是由许多不同的因素共同造成的。其中任何一个因素，都可能导致井喷事故的发生。重要的是，所有行业参与者必须从这一事故和其他事故中吸取教训，以避免重复和进一步降低风险。

需要强调的是，人为因素（如判断失误、沟通不足和对风险的理解不足）在井控事故和其他所有井控事故中发挥着重要作用。在航空公司和医疗行业的团队资源管理（CRM）实践基础上，这些"软性"问题是安全管理措施中重点关注的。

1.27　欠平衡钻井/控压钻井

本章前文曾提到，在钻井作业过程中，井内流体压力必须始终超过裸眼井筒中的孔隙压力。最近的技术进步使得控压钻井（MPD）和欠平衡钻井（UBD）技术成为可能。这些技术（本质上是相同的）有意降低井筒中的静液柱压力，以匹配或欠平衡裸眼井中的孔隙压力。这有以下潜在的好处：

（1）由于钻井液侵入储层较少，降低其对储层的伤害（从而提高了产能）。

（2）随着钻井的进行，从储层中获得的更多信息（包括产能数据和试样）可以用来进行实时决策。

（3）当钻头破碎岩石时，压在岩石上的压力（称为压持钻屑的静压力）降低或变为负值，机械钻速加快。

（4）在地层孔隙压力和破裂压力之间的压力窗口很窄的地区钻井，如高温高压地层。

（5）闭环钻井液循环、高质量的仪器仪表和熟练的技术工人，使油井得到了更好的控制。

在大多数钻井作业中，地面的钻井液流动处于常压状态。对于控压钻井，在钻井液到达振动筛之前，在环空使用节流器。这样就可以在不调整钻井液密度的情况下改变井底压力。通过使用低于常规密度的钻井液，关小节流阀来达到所需的井口回压，使孔隙压力完全平衡或欠平衡。这种情况可以通过检测地表流体体积增加的控制系统来维持。主要要求是：

（1）节流阀控制回压的同时允许钻屑通过。

（2）管线入口和出口的流量计，可提供井口流量的指示。

（3）旋转控制头允许钻柱在压力下进入并通过防喷器组。

（4）可靠的（和具有安全装置的）控制系统，可以管理整个过程。

（5）熟练的欠平衡钻井作业人员，与司钻和其他钻井人员密切合作。

1.28 钻井液和完井液

钻井液是钻井、完井作业的重要组成部分。未能将钻井液保持在良好的状态是导致非生产时间（由卡钻引起）的主要原因。

1.28.1 钻井液

钻井液和完井液（用星号 * 标注）的功能如下：

（1）将岩屑从井中携带出来。钻井液性能（密度、速度和流变性）必须能够将岩屑从环空携带到地面，同时防止岩屑膨胀或破碎成小块。

（2）悬浮和清除岩屑。如果循环停止，岩屑能够悬浮在环空中，防止岩屑在井眼中下沉，进而堵塞底部钻具组合——因此需要很高的静切力。在地面，钻井液必须通过固相设备清除岩屑，并通过除气器除去气体。

（3）控制地层压力 *。这是钻井时井内的主要屏障。钻井液中包含加重材料，如重晶石或赤铁矿，以增加其密度。这个钻井液密度保证了油井中所有点上钻井流体产生的压力超过对应深度的孔隙压力。

（4）密封渗透性地层。这是一个重要的特性，因为如果钻井液漏失到地层中，那么需要在地表提供更多的钻井液。这样一来，钻井液的成本更高，任何井控的问题都更难识别和管理。新暴露的井壁被设计的钻井液中悬浮的非常细的固体（称为滤饼）覆盖。在此过程中，非常少量的钻井液（称为滤液）流入地层。泥滤饼非常坚硬，不易渗透，通常可以防止进一步的漏失。

（5）保持井筒稳定性。当选定的钻井液相对密度能够最大限度地减小对原始岩石应力的破坏时，就可使井筒达到稳定。井筒的稳定性是随其井斜角和方位角的变化而变化的。

（6）抑制敏感性地层。泥岩层、盐岩层和其他地层与钻井液和（或）钻井液滤液发生反应。如果不受限制，这些地层会膨胀到原来体积的几倍。这可能导致钻井问题，如循环不良和"卡钻"。水基钻井液中尤其需要抑制剂，有时钻井液中加入盐，如氯化钾（KCl），可以有效进行抑制。

（7）减少地层伤害＊。鉴于大多数钻井的目的是生产油气或注水，因此确保储层的未来产能不受伤害是至关重要的。最常见的伤害类型有：

① 钻井液或岩屑侵入地层基质，降低孔隙度和渗透率；

② 储层基质内地层黏土膨胀导致渗透率的降低；

③ 钻井液滤液与地层流体混合产生的固体沉淀；

④ 钻井液滤液与地层流体形成乳状液。

有时，根据储层性质，专门设计钻进工作液。对于完井液，经常采用过滤盐水来保持过平衡而不伤害地层。

（8）冷却和润滑钻头及钻具组合。钻头切削岩石时，由于摩擦会产生大量的热，过高的温度会导致滚子轴承失效。在底部钻具组合在井筒内旋转和滑动时，需要将摩擦降至最低，特别是在大斜度井中。

（9）将水力能量传递给螺杆钻具或涡轮钻具。当井下使用螺杆钻具或涡轮钻具时，动力通过钻井液传递给底部动力钻具。液柱还可为 MWD/LWD 不间断传递钻井液脉冲信号。

（10）将水力能量传递给钻头。钻头的切削效率取决于钻头底部如何清除岩屑（避免岩屑重复破碎）、切削刃的清洗情况以及流体的喷射作用。这些都是钻井液的基本特性。

（11）确保充分的地层评估，这取决于：

① 较低的水力损失，最大限度地减少井筒附近油气的干扰，从而降低测井工具的精度要求。避免可能导致测井仪器卡钻的厚滤饼。

② 井眼尺寸标准，使测井工具正常工作

③ 优化过平衡，避免使用某些工具造成压差卡钻的风险。

（12）减少腐蚀＊。腐蚀会破坏套管完整性（特别是在含水层的套管）和钻柱的完整性（例如钻柱扭断）。还需要使用熟石灰和胺盐（以保持 pH 值）来控制氧气和硫化氢腐蚀的影响。油基钻井液具有良好的缓蚀性能。

（13）便于固井和完井。固井前，需要进行适当调整钻井液的性能（低屈服点和静切力），以使其可以有效清除。这样可以确保井眼中的水泥顶替，不被水泥污染。

（14）最大限度地减少对环境的影响＊。钻完井液、被钻完井液污染的岩屑以及用于这些物质运输的容器使用和处置对环境的影响，是目前关注的焦点。以下是一些重要领域：

① 避免使用油基钻井液（OBM）和合成基钻井液（SBM）（见下文）；

② 如果在海上必须使用油基钻井液（OBM）或合成基钻井液（SBM）时，则应部署保存装置，而不是将岩屑遗弃在海床上；

③ 如有需要，确保岩屑清理和收集；

④ 如有需要，回收的岩屑做循环处理；

⑤ 钻更小的井眼。

所有这些特性必须在高温高压下能够保持。有时要求这些特性在低温下（例如，当钻井液在水下或北极钻井作业的钻井液池中静止时）也能够保持。

钻井液有 3 种常见类型：

（1）水基钻井液（WBM）。其特点为：①含有黏土（膨润土）等化学物质，以水为基液的钻井液；②成本最低，但有些地层与滤液中的水发生反应。

（2）油基钻井液（OBM）。其特点为：①以石油产品为基液，例如柴油；②有毒；③良好的钻井/地层性能；④成本中等。

（3）合成基钻井液（SBM）。其特点为：①以合成油为基液；②毒性小；③良好的钻井/地层性能；④成本高。

1.28.2 添加剂

钻井液添加剂通常用于调节钻井液性能，常用的钻井液添加剂见表1.13。

表 1.13　常用钻井液添加剂

添加剂	用　途
碱度和 pH 值控制	控制钻井液的酸碱度。最常见的是石灰、氢氧化钠和碳酸氢钠
杀菌剂	减少细菌数量。最常见的是多聚甲醛、氢氧化钠、石灰和淀粉防腐剂
钙还原剂	用于预防、减少和克服硫酸钙（硬石膏和石膏）的污染影响。最常见的是氢氧化钠、碳酸钠、碳酸氢钠和某些聚磷酸盐
缓蚀剂	控制氧气和硫化氢的腐蚀作用。通常添加熟石灰和胺盐来抑制这种类型的腐蚀。油基钻井液具有良好的缓蚀性能
消泡剂	用于减少盐和饱和盐水泥浆体系中的起泡作用，通过降低表面张力
乳化剂	将两种液体（油和水）混合均匀。最常见的是改性木素磺酸盐、脂肪酸和氨酸衍生物
降失水剂	用于减少大量水漏失到地层中。最常见的是膨润土、CMC（羧甲基纤维素）和预糊化淀粉
絮凝剂	使悬浮液中的胶体颗粒成束，并使固体沉降。最常见的是盐、熟石灰、石膏和四磷酸钠
发泡剂	在空气钻井作业中最常用，它们作为表面活性剂，在水中发泡
堵漏剂（LCM）	惰性固体被用来堵塞地层中的大裂口，以防止钻井液漏。常用的有核桃塞（核桃壳）和云母片
润滑剂	通过减小摩擦系数来降低钻柱和钻头扭矩。常常采用某些油和脂肪酸盐
解卡剂	通常用于"卡钻"区域的点蚀液，以减少摩擦、增加润滑性和抑制地层水化。常用的有油、洗涤剂、表面活性剂和脂肪酸盐
页岩抑制剂	控制黏土/页岩地层的水化、崩落和崩解。常用的有石膏、硅酸钠和木素磺酸钙。
表面活性剂	减少接触面（油/水、水/固体、水/空气等）之间的界面张力
加重剂	使钻井液相对密度加大。材料有重晶石、赤铁矿、碳酸钙和方铅矿

1.28.3 钻井液性能

从上文可知，钻井液性能的调节是井场钻井作业管理的重要组成部分。对于成本较高、要求较高的油井，通常会聘请"钻井液工程师"来完成这项任务。钻井时，他通常会确保钻井液密度和流变性至少每小时进行一次测量。其他的测试一天做两次。以下是测量和报告的主要参数：

（1）钻井液密度（lb/US gal）或等效压力梯度（psi/ft）。

（2）静置 10s 和 10min 后的黏度、塑性黏度（PV）、动切力（YP）和静切力。这些参数都是用范氏黏度计进行测量的。

（3）流体漏失/滤饼厚度。

（4）pH 值。

（5）固相含量。

（6）含砂量。

（7）Ca^{2+}（钙离子）浓度。

（8）油/水比（适用于油基钻井液（OBM）和合成基钻井液（SBM））和其他一些性能。

经公司代表同意，钻井液工程师将按照钻井程序中的规范对钻井液进行改造和处理。

1.28.4 完井液

完井液的要求比钻井液简单，参见上文，其中完井液的要求标记了星号 * 。特别需要指出的，完井液必须保持井筒对储层的过平衡，但不能影响其产量。这个要求意味着使用的完井液要非常干净，通常是经过过滤的盐水。完井液中包含海水、氯化钙（$CaCl_2$）、溴化钙（$CaBr_2$）和溴化锌（$ZnBr_2$）。在完井后，根据操作人员的偏好，这些完井液可能会留在井内，也可能不会留在井内。

在生产过程中，油井环空中的完井液必须能够保护套管和油管免受腐蚀，将封隔器和套管之间的压差降至最低，并保持可泵性。这些特性不能在高温环境中随着时间的推移而降低。

1.28.5 岩屑和废物处理

在许多地方，特别是向近海中排放岩屑已经成为环境争议。在许多情况下，政府对排放到海床上的岩屑含油程度有限制（例如每千克干岩屑吸附油量少于 5g），而现有技术很难满足这样的要求。在挪威等其他地区，含油岩屑不允许直接排放。

石油行业通过以下措施使岩屑满足了以下要求：

（1）开发岩屑干燥设备，如加热器，可以蒸发岩屑上的油，然后将其冷凝回收于设备中重复使用。岩屑随后沉积在海床上。

（2）岩屑研磨混入钻井液中，再将其注入合适井的环空注入到良性但具有渗透性的地层中。

（3）开发"快速运转"基础设施，收集岩屑，并将其运回岸边，进行环境可接受的处理和处置。

1.29　修井和维护

本章的大部分内容都集中在新井的建设上，即钻新井。如 1.3 节所述，修井作业和维护也是油井工程的重要部分，在油井的整个使用寿命周期中，随时都可能需要进行修井作业。

修井通常有以下目标：

（1）储层增产——例如，可采用热衰减时间（TDT）电缆测井仪等进行测井。确定油气接触点后，通过增产或再射孔等措施，使储层增产。

（2）并闭低效井（例如产水）——可以通过下入电缆桥塞、移动滑套阀或打水泥塞来实现。

（3）清除井中的垢或其他杂物——可能需要在钢丝绳上使用刮除工具，泵入酸液清洗油管，或者最终回收完井管柱并重新下入。在长时间的生产过程中，自然产生的放射性垢会沉积在生产管中，这属于是潜在的高风险，需要对其进行规划和安全管理。

（4）难入井的各种作业——有些井（如水下油井），需要使用钻井平台或作业船上的电缆作业（图1.144）进行复杂（且昂贵）的再入井作业，或者在未来使用水下电缆再入系统。

（5）修复井筒——在钻完井过程中可能会出现许多的作业问题，如出砂、油管腐蚀、储层压实导致套管和（或）油管以及其他工具的失效。这些通常需要大量时间进行井筒修复，在某些情况下选择废弃这口井并重钻一口新井。

（6）为侧钻作业做好准备——在油井生产周期即将结束时，侧钻现有油井到新的生产位置是具有经济意义的。侧钻井的作业准备与修井类似。

图1.144　海上钻井装置加强了螺旋型水下修井作业

一口井与上文的各项作业相结合，形成了多种多样的作业方式。这些作业可能用到钻机、不压井起下作业装置、连续管装置、电缆或钢丝绳。作业计划要有应对作业期间各种突发状况的应急预案。

油井需要维护以确保井筒完整性，包括监测环空压力，了解井口或套管以及每个环空中流体的任何泄漏，以及维护和润滑阀门、执行机构等。清楚记录的井况信息、维护计划、关键性能指标（KPI）的测量、报告系统和清洗的账目能力是必不可少的。

有一些实例中，由于井筒完整性和环空压力管理没有得到应有的重视，导致油气泄漏到地面上的严重后果。

1.30　油井废弃

在一口井的生产周期结束时，就会将其废弃（也称为弃井）。此后将不会有流体流至地面或在地层间流动。对于探井来说，在钻井及对预期地层进行评价后立即弃井。而对于开发井来说，只有当生产没有经济效益时才进行弃井，这个周期可能要 50 年。弃井时通常需要使用钻井设备回收套管和井口。

弃井作业通常包括拆除完井作业装置，在生产层和含油气层之间注水泥塞，切割和回收套管和井口，并在这些套管上安装 T 形水泥塞。这些水泥塞通常需要进行流动测试。

每家公司可能都有相应的油井废弃标准，也可参照行业标准。如图 1.145 所示，该标准来自英国石油和天然气组织（Oil and Gas UK organisation）制定的标准。

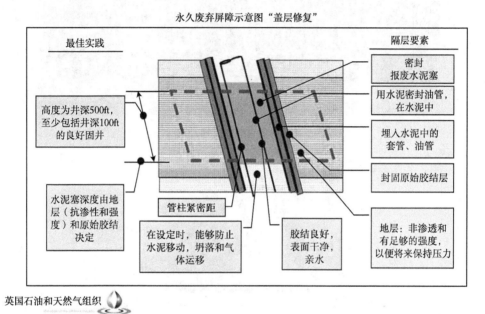

图 1.145　摘自英国石油天然气（OGUK）的油井废弃标准

1.31　人工举升

完井管柱组件已在 1.15 节中做了介绍。本节将总结人工举升的主要类型以及它们对油井设计的影响。

人工举升是为了使低压油藏能够生产或提高其产量。在油田的生产期内，油藏压力常常会降低；人工举升装置安装可以在初始井眼中，也可以根据生产的需要在生产一段时间后安装。人工举升仅适用于油井（当然，油井也可能产生一些天然气和水）。

人工举升的类型主要包括：（1）有杆泵；（2）螺杆泵（PCP）；（3）电潜泵（ESP）；（4）气举。

1.31.1　有杆泵

有杆泵（图 1.146）是最简单、最常见的人工举升形式，主要用于浅层、低产量的陆上油井。它包括一个井下抽油泵、地面相连的连杆（称为抽油杆）和地面游梁式抽油机，如图 1.147 所示。井下抽油泵中包含一个在气缸中上下运动的活塞。活塞和气缸中的阀门控制油的流入和上升到生产油管。石油中的任何气体从井底分离出来，并沿环空向上运移。

图 1.146　游梁式抽油机

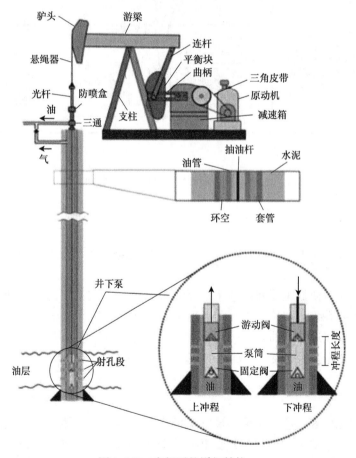

图 1.147　有杆泵的详细结构

在油管内部，抽油杆往复运动来驱动抽油泵。抽油杆（图1.148）是实心的，很像小尺寸钻杆，通过螺纹连接在一起。

图 1.148　抽油杆

在地面上，有杆泵通过"防喷盒"和光杆与抽油杆连接，防止漏油。

有杆泵可根据井的举升特性调整冲程长度和速度。它们可能间歇性地工作。泵上的仪表可在泵或抽油杆发生故障前检测出来，这样就能在故障真正发生前对油井进行修复。有杆泵对油中具有较强的耐砂性和耐水性；成本很低，但维护成本可能很高。

1.31.2　螺杆泵

螺杆泵（PCP）的工作原理与本章之前介绍的"螺杆钻具"相同。它包括一个光滑的带有绞合断面的瓣状轴，装在比转子多一个叶片的定子内（图1.149和1.150）。转子通过电机/齿轮箱从地面转向并控制系统，扭矩通过抽油杆传递到螺杆泵。石油从油管向上流动，天然气从生产环空向上流动。螺杆泵耐水性、耐砂性好。

1.31.3　电潜泵

电潜泵（ESP）最常应用于海上和陆上的中、高产井。电潜泵由电动机驱动。电动机与泵封装在一起，并悬挂在井底油管上。电力电

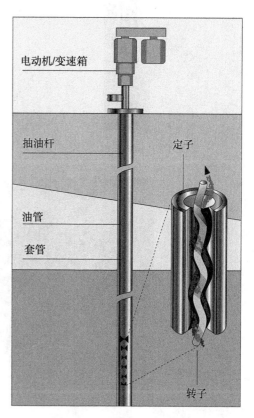

图 1.149　螺杆泵总体布置图

缆从地面控制器上穿过井口，向下到达井底位于泵下方油管外部的电动机（图 1.151 至图 1.153）。与其他类型的抽油泵相比，电潜泵的耐砂性和耐水性较差。电潜泵的规格取决于油井的生产能力和特性。电潜泵故障的原因有很多，比如泵体、电动机或电缆故障、出砂

图 1.150　螺杆泵转子/定子

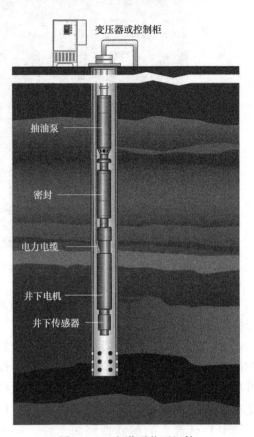

变压器或控制柜

抽油泵

密封

电力电缆

井下电机

井下传感器

图 1.151　电潜泵井下组件

图 1.152　电潜泵的电力电缆

或过度磨损等。一个重要的考虑因素是平均故障间隔时间（MTBF），它表征需要多久更换一次泵。近年来，平均无故障间隔时间不断延长，如今普遍在 3 年以上。

与有杆泵和螺杆泵一样，通常在完井安装电潜泵后，不便于在储层中进行测井。

1.31.4　气举

气举系统依靠向生产管柱内注气来降低静液柱压力，并增加垂向流量。单管和双管气举完井情况如图 1.154 所示。

举升气体注入到环空中，通过偏心气举阀工作筒进入油管（详见 1.15.8 节）当气体注入到环空时，最上面的阀门开启，然后油管上部举升原油。一旦完井顶部开始生产，最上部的气举阀就会关闭。这个顺序一直持续到最下面的阀门将气体注入油管，这就是气举的工作模式。注入的气体通过油气分离阶段从原油中回收，然后压缩再使用。

气举设计、气举阀下入深度和压力的设定都是高效气举的重要保证。与大多数其他人工举升方式不同，气举井保留了全井径通道，允许进行测井作业和重复射孔、滑套阀作业等其他作业。

图 1.153　电潜泵泵级

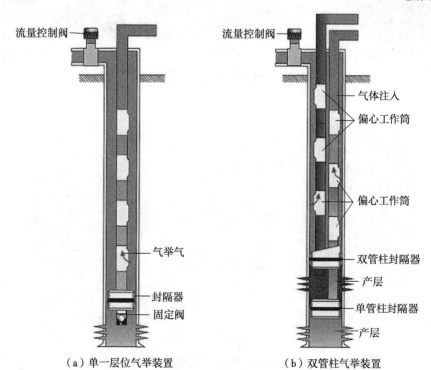

（a）单一层位气举装置　　　　（b）双管柱气举装置

图 1.154　气举装置

1.32　其他完井设计

多分支井完井。有时，用一个单独井眼钻穿盖层，并在储层中钻多个分支会更经济，而且有各种替代结构（图1.155）。图1.156显示了一个典型示例。在这些井中进行完井很复杂的，特别是在井中有第二个分支通过交点时，而该交点必须将两口井与地层隔离时。未来的油井维护，如需要"选择性"地进行生产测井时，以确保工具进入预定的井眼。

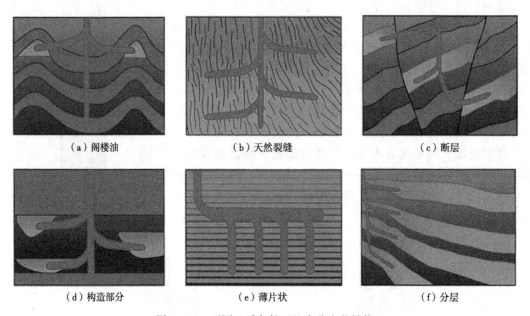

（a）阁楼油　　　　　　　　（b）天然裂缝　　　　　　　　（c）断层

（d）构造部分　　　　　　　（e）薄片状　　　　　　　　（f）分层

图1.155　不同地质条件下的多分支井结构

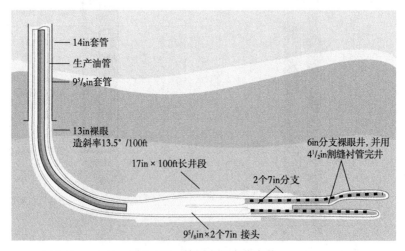

14in套管
生产油管
9⅝in套管
13in裸眼
造斜率13.5°/100ft
17in×100ft长井段
2个7in分支
6in分支裸眼井，并用4½in割缝衬管完井
9⅝in×2个7in接头

图1.156　储层中的多分支井

　　图1.157 显示了一个极端而真实的多分支井规模与里约热内卢（Rio de Janeiro）叠加在一起的图片。

图 1.157　多分支井与里约热内卢的规模对比

1.33　油井工程组织和人员

　　本章重点介绍了油井施工中使用的设备、程序和技术。然而，人员是安全高效作业的一个非常重要的方面。在许多组织中，各级有能力、有积极性的人员都需要共同努力，才能安全地进行钻井、完井和油井维护。下面我们来了解其中的一些角色。

　　在一个典型的钻井平台上，如图1.158 所示，人员将分在几个不同的组织内工作，如：

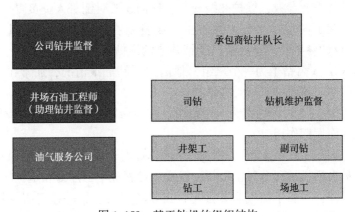

图 1.158　基于钻机的组织结构

（1）钻井承包商（钻机所有者）：雇佣一组人员对钻机本身进行手动操作，并负责钻机维护。

（2）石油和天然气作业公司：租用钻机进行钻井作业。

（3）油气服务公司：在现场提供特定技术人员和（或）设备的组织，主要为石油和天然气作业公司工作。

①公司钻井监督。根据油公司办公室提供的钻井计划，全面负责油井的安全、高效和有效钻井。他将从钻井承包商和油气服务公司那里寻求最大的价值。他是钻井平台上级别最高的油公司代表，因此有时也称为"公司负责人"。他负责在钻井平台上实施油公司的安全管理系统（SMS）。他负责管理油气服务公司，与油公司的管理组织保持联系，并确保采用最佳的钻井参数。他还负责报告钻井平台的日常活动，管理进出井场的后勤工作，并在出现井控问题时发挥领导作用。在大多数司法管辖区，油公司对油井本身的安全和环保合规负责。如果钻机与其他公司的作业（如钻井平台上的自升式平台）相结合，则由公司负责人（或更高级的公司代表）作为"海上装备经理"或简称为OIM。OIM对整个联合运营负有法律责任。

②助理钻井监督（ADS）或井场石油工程师（WPE）。有时作为一个培训师的角色，并向公司负责人汇报工作。他们的主要职责是收集和分配井场数据，监督一些服务承包商工作（钻井液工程、电缆测井和钻井液测井）、套管计数和记录，固井计算和定向数据管理。

③额外人员：根据现场实际情况，公司可能会在井场配备额外的人员，比如安全工程师和（或）督导、生产技术员（生产测试期间）。地质师（取心前和取心期间）、石油物理学家（测井期间）等。

④承包商钻井队长：受雇于钻井承包商，对钻井经理（一个办公室职位）负责，并将为钻井承包商寻求利润最大化。这要求在管理成本的同时满足公司员工的期望。他负责钻机本身（而不是油井）的安全和高效运行。他努力避免钻机故障，并拥有一个运营和维护钻机的组织。当钻机单独作业时，钻井队长是海上装备经理（OIM），负责井场所有人员的安全。

⑤司钻和副司钻：在钻井作业中，司钻和副司钻对钻机进行操控，维护钻机的安全，维护公司人员提供的作业参数，维护井控安全。他们还要对倒班人员负责。

⑥井架工：井架工向司钻报告。他的主要职责是在井架上管理钻具（在"二层台"上），按照公司建议的参数管理钻井液以及钻井泵的维护。

⑦钻工：通常3~5名钻工为一个班组，他们向司钻汇报情况，通常在钻台工作。他们负责连接钻杆，装卸防喷器并进行设备维护。

⑧场地工：通常3~5名场地工为一个班组，在钻台以外工作，在井场/钻台上搬运设备和装配陆地钻机方面发挥作用。

⑨钻机维护管理员：在海上移动式钻井平台作业时，负责维护钻机和支撑系统以及海洋船舶。团队成员包括机械和电气工程师，以及负责管理平台浮力和定位的海事人员。

⑩钻井液工程师：隶属于油气服务公司，在井场向助理钻井监督报告情况。他负责钻井液和完井液，管理固相清除设备，进行钻井液的采样和测量、钻井液的处理和所需添加的化学品订购。

⑪钻井液录井工程师：也隶属于油气服务公司，在井场向助理钻井监督汇报情况。他操作一套监测钻井液体积、流量、气体浓度等的仪器，并采集和描述钻头岩屑。

⑫套管工作组：同样隶属于油气服务公司，并在井场向油公司负责人汇报情况。他们负责下套管和油管，施加正确的上扣扭矩，并管理他们的设备。

还有其他油气服务公司员工提供以下专业服务，并向油公司报告：

（1）固井；

（2）岩石物理测井；

（3）取心作业；

（4）起下并操作 MWD/LWD 工具；

（5）定向钻井；

（6）打捞作业；

（7）震击器震击作业；

（8）废弃物管理；

（9）钻机（海上）的导航定位；

（10）井场及道路施工；

（11）操作专业完井设备，如电潜泵、仪表；

（12）试井；

（13）完井液过滤；

（14）压裂作业；

（15）井场安全；

（16）直升机业务；

（17）井控专家；

（18）硫化氢作业安全专家；

（19）专业钻井设备顶驱系统（TDS）维护，管柱装卸；

（20）设备、钻机等的质量保证/质量控制（QA/QC）；

（21）饮食及住所清洁；

（22）检查员认证；

（23）政府部门代表等；

（24）来自公司、钻机承包商、油气服务公司、合作伙伴的贵宾（VIP）访客。

这个团队的所有成员都必须紧密合作，以提高安全和运行效率。油公司和钻井承包商共同营造一个重视安全的富有建设性的井场工作环境。

服务承包商通常是按天或按小时计费的，因此只有在必要或发生意外情况时才会取消计费。此外，钻井平台的住宿条件也可能受限（尤其是海上作业）。服务承包商负责拥有设备的可用性和正确操作。全面协调服务承包商在井场的活动是公司负责人的责任。

井场的大多数工作岗位都是 12h 轮班，所以需要 2 个班组工作人员。一些专家是不倒班的，但必须按照规定休息（如果必要的话，还必须停止工作）。班组工作人员还在井场内外进行轮换；轮岗安排差别很大，但在海上或者需要长途跋涉才能到达的钻井井场作业时，通常实行 28 天轮岗、28 天休假。

对于服务承包商的办公室员工可以按照图 1.159 中的角色进行组织。

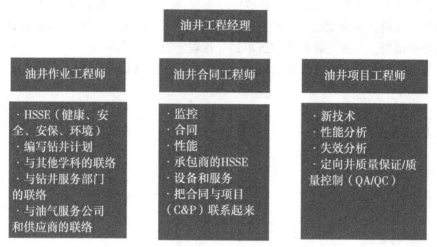

图 1.159   服务承包商的办公室组织

这个油井工程团队一定是一个由地质学家、石油物理学家、生产技术人员、油藏工程师、生产工程师等组成的更大的技术组织。它有着商业（承包、采购）、物流和人力资源以及财政的支持。

1.34   钻井合同、采购和物流

鉴于需要专业的服务、设备和消耗品，需要做出合同安排。这通常是服务承包商的责任。大多数合同其实很简单；即按日结算设备和人力费用。此外，还可能会有整笔调动/取消调动的一次性费用，以及对良好和（或）安全表现的奖励。合同中的很大比例是明确债务——如果发生事故、设备损坏或丢失，由谁来赔偿由此造成的损失。合同有一个固定的期限，比如 1 年，也可以是完成 5 口井的作业时间。

有些合同是一次性全额支付的（也就是说，不管作业时间长短，价格是固定的）——在少数情况下包括所有井的钻井（称为"交钥匙"工程）。如果范围明确（例如没有新的地下发现），这样的合同可以很好地激励设备性能的提高和新技术的投入。

井内/井上设备是基于"功能规格"进行采购的，即需要设备做什么（而不是规定一个精确的设计）。质量保证/质量控制（QA/QC）和可靠性以及可用性/交付日期和售后服务也是重要的考虑因素。一般来说，为了在市场上获得最大的杠杆作用，尽量将更多的资金集中到一份合同中。

设备和服务范围均招标给有能力满足要求的供应商，并在投标前予以明确。在其他条件相同的情况下，总价格最低的投标者将获得工程和（或）设备订单。以往的业绩表现越来越多地被纳入了中标决定的考量中。

中标后的钻井合同通常包括的内容，见表 1.14。

表 1.14　钻井合同内容

服务类	设备/消耗品类
（1）钻机租赁；	（1）井口；
（2）定向钻井/随钻测井/随钻测量；	（2）采油树；
（3）钻井液；	（3）套管；
（4）固井；	（4）扶正器；
（5）岩石物理测井；	（5）油管；
（6）钻井液录井；	（6）完井辅助设备；
（7）下套管/油管；	（7）砂过滤器；
（8）废物和岩屑处理；	（8）砾石；
（9）其他设备专家；	（9）人工举升设备；
（10）试井；	（10）钻井液化学药剂；
（11）检查；	（11）水泥和添加剂；
（12）物流（船、卡车、直升机）；	（12）柴油；
（13）现场施工；	（13）水；
（14）通信；	（14）润滑剂；
（15）食宿（包括食物）；	（15）个人防护设备（PPE）；
（16）起升；	（16）钻机和设备附件
（17）环境管理；	
（18）当地联络；	
（19）安保	

1.35　物流

物流活动涵盖范围很广，总结如下。

1.35.1　陆上钻井物流活动

物流通常从井场建设开始。这些活动包括简单的清除灌木丛、大量的土方作业等，为钻机提供合适的地基（图 1.7），还需要建造方井来确定井口位置。方井是一个混凝土内衬的坑，一般深 2m，长宽各 1m。井口安装在方井中，以最大限度地降低钻井时的井口标高要求和完井后的采油树高度。井口必须排除淹水的风险，排水良好，并能够收集溢出的流体。为了最大限度地降低对环境的影响，其规模不应超过支持钻井作业的必要规模。如有需要，可用钢或混凝土板来防止场地条件在潮湿天气条件下恶化。

通常，钻机需要通过公路进入井场。在许多地方，需要修建专门用于钻井作业的道路。如果当地居民有要求，这些道路通常会在钻井作业完成后保留。道路的规模需要与运输的钻机相适应。在沙漠地区，道路需要经常定期的维护，以防止严重的退化。

所有这些都需要土地使用权、许可证、地方政府批准，通常还需要环境风险评估来尽量减少对环境的破坏。通常在类似的生产设施和管道的活动中要使这些协议落实到位，需要花费一些时间和适当的项目计划。

钻机作业所需物料的及时供应需要仓储和运输的保障，通常是用卡车，以确保钻机不会一直等待设备或材料。供应商和承包商通常负责自己的物流；有时，钻井作业人员也要对此负责。进出井场的运输是安全风险的一个重要来源。

1.35.2 海上钻井物流活动

海上物流的重点是航运和直升机业务。通常是由供应船航运往返于海上钻井平台之间。每个服务承包商通常与自己的供应船签订合同，这些船用于运送各方的所有必需品。另外，不能让钻机等待设备或供应品（每天总的作业费用可能高达 $100×10^4$ 美元）。供应船每天要花费 $5×10^4$ 美元。

所有的钻井相关人员以及一些尺寸、重量和种类上都有限制的小型设备上下平台都通过直升机来运送。炸药或浓缩化学品需要特别的许可。钻井平台上的工作人员需要接受特殊训练，来应对水上直升机迫降以及在寒冷的气候下穿上能够抵御寒冷的救生服。直升机服务由专业人员承包，费用为 3000 美元/h。出于安全原因，在钻机撤离时也通常使用直升机。

守备船通常停靠在距钻机 500m 以内的范围。如果在钻井平台上部署救生艇，守备船将提供救援活动支持。如果有人落水，守备船也可用来救人。

在所有钻机作业中，必须积极管理仓储和运输中的库存量，并跟踪物品的位置，以便随时了解情况。计算机系统通常会在这里发挥管理作用——例如，当库存下降时，重新订货。在更复杂的地点，通过 GPS 跟踪系统进行运输情况跟踪和监控。它是作为行程管理和智能（无线射频识别，RFID）标签的一部分用于设备管理项目。

1.36　性能改进

由于钻井和完井作业的成本巨大，需要不断地寻求改进。一般来说，这将影响作业成本、作业时间和安全性。最重要的进展是新技术的开发和应用。以下是近 30 年该行业开发并广泛应用的一些技术。

（1）水平井；

（2）大位移井；

（3）地质导向；

（4）欠平衡钻井（UBD）；

（5）随钻测量（MWD）/随钻测井（LWD）；

（6）自动化/双作业钻机；

（7）水下井；

（8）膨胀管；

（9）有线钻杆；

（10）可膨胀弹性体；

（11）基于概率的套管设计；

（12）井下传感器；

（13）钻机设备；

（14）可靠的电潜泵；

（15）金属对金属的井口密封；

（16）油井设计软件；

（17）聚晶金刚石复合片（PDC）钻头；

（18）某些新型测井工具；

（19）低毒性油基钻井液；

（20）套管螺纹/接头构造分析（JAM）。

这种创新主要来自承包商和油气服务公司，以及小型创业组织。然而，油公司仍不愿承担风险，试验新技术可能会遭到该领域人士的抵制。

为了使油公司、钻井承包商和油气服务公司的目标一致，还尝试了不同的承包策略。例如，在20世纪90年代，重点是尽可能多的外包给钻井承包商。经验表明，当时的钻井承包商不具备承担这一扩大角色的技能或动力，油气服务公司后来收回了这些业务。贝克休斯公司（Baker Hughes）、哈里伯顿公司（Halliburton）和斯伦贝谢公司（Schlumberger）等综合油气服务公司（ISC）的发展更为成功，这些公司收购了规模较小的专业公司，现在可以通过单一合同提供大部分油气服务。

按照本章开头描述的结构化的良好交付过程（WDP），各项作业效果也得到了提高。通过将活动分解成小步骤，设定目标并改进，从而产生显著的整体差异。技术极限钻井（TLD）就是这样的一个过程，它起源于德赛德石油公司（Woodside Petroleum），随后被壳牌公司（Shell）、英国石油公司（BP）、埃克森公司（Exxon）、雪佛龙公司（Chevron）、英国天然气集团公司（BG Group）和其他服务承包商进一步的发展并以各种形式应用。

举一个简单的例子，见表1.15，钻完井可能需要以下基本步骤，每一个步骤都将面临生产目标持续时间的挑战。这些性能改进通常显示在时间与深度（TVD）关系图中，如图1.160所示。

表1.15　钻井基本步骤

作业内容	井深, ft	持续时间, d	目标时间, d
一开	0	0	0
钻36in井眼	200	2	1
下30in导管	200	2	1
钻26in井眼	1600	2	1
下20in套管并固井	1600	5	3
钻17½in井眼	3000	2	1
下13⅜in套管并固井	3000	4	3
钻12¼in井眼	5700	4	3
下9⅝in套管并固井	5700	4	2
钻8½in井眼	11000	10	8
下7in套管并固井	11000	5	3
完井	11000	5	4

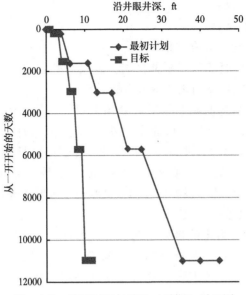

图 1.160　典型时间与进尺（垂深）对比图

1.37　每日作业报告示例

图 1.161 显示了陆地钻井作业的每日作业报告（DOR）示例。

图 1.161　典型的每日作业报告示例

1.38 术语汇编

术语	含义
ADS	助理钻井监督
API	美国石油学会
BHA	底部钻具组合
BOP	防喷器
CAPEX	资本性开支
CBL	水泥胶结测井
CO_2	二氧化碳
CRA	耐腐蚀合金
CTD	连续管钻井
DC	钻铤
DCF	现金流量贴现
DOR	每日作业报告
DP	钻杆
DP	动力定位
DSV	钻井监督
ECD	当量循环密度
EMV	货币期望值
EOB	造斜结束点
ESP	电潜泵
EU	外加厚
FPSDO	浮式生产钻井储存卸货轮
FPSO	浮式生产储油和卸货装置
GMS	多点测斜陀螺仪
GoM	墨西哥湾
GOC	气油接触面
GPS	全球定位系统
GWC	气水界面
H_2S	硫化氢（有毒气体）
HSE	健康、安全和环境（作业阶段）
HWDP	加重钻杆
ICV	流入控制阀
ID	内径
JAM	接头构造分析
KOP	造斜点
KPI	关键性能指示器
LCM	堵漏剂

术语	含义
LWD	随钻测井
MD	测深
MMS	磁性多点测斜仪
MSS	磁性单点测斜仪
MTBF	平均故障间隔时间
MWD	随钻测量
OBM	油基钻井液
OD	外径
OOC	含油岩屑
OPEX	运营成本
OWC	油水界面
PCP	螺杆泵
PPE	个人防护设备
RFID	无线射频识别（设备的智能标签）
RPM	转/分（转速计量单位）
RSS	旋转导向系统
SAGD	蒸汽辅助重力排驱
SBM	合成基钻井液
SPM	偏心工作筒
SSD	滑套阀
SSSV	井下安全阀
SSTT	水下测试树
TCP	油管传输射孔
TD	完钻井深
TDT	热衰减时间
TDS	顶驱系统
TLC	硬测井条件
TLD	技术限制钻井
TOC	水泥返高
TVD	时间与垂深对比
UBD	欠平衡钻井
WBM	水基钻井液
WDP	油井交付流程
WOB	钻压
WPE	井场石油工程师
QA/QC	质量保证/质量控制

致谢

感谢壳牌集团、英国天然气集团、帝国理工学院、其他组织以及家人和朋友在撰写本章时给予的帮助和支持。作者将把本出版物的所有版税捐赠给 John S. Archer Endow fund——http：//www. imperial. ac. uk/earth-science/research/research-groups/perm/events/John-Archer-endowment/。已尽一切努力追查版权所有人，并取得复制本材料的许可。

图号	致　谢
图 1. 1	James Reason
图 1. 5	Wikipedia（public domain）
图 1. 6	Image Credit：Greg Bright-Ocean Fab
图 1. 7	Courtesy of Abdulharim Md Gamal，Egypt
图 1. 9	Major Drilling Group International Inc.
图 1. 10	Avalon Licensing Ltd
图 1. 11	Courtesy of Dr Horst Kreuter
图 1. 12	Alamy
图 1. 14	Offshore Energy/heerema
图 1. 15	designersparty. com
图 1. 16	Kvaerner
图 1. 17	Kvaerner
图 1. 18	Getty
图 1. 19	Shell Internationl Limited
图 1. 20	Marine Traffic
图 1. 21	Maersk Drilling A/S
图 1. 22	Finn Tornquist
图 1. 23	Dock Wise
图 1. 24	Seadrill
图 1. 25	National Oilwell Varco（NOV）
图 1. 26	FlowServe
图 1. 27	SeaDrill
图 1. 28	OSHA
图 1. 29	Savannah Energy Services Corp.
图 1. 30	Metroforensics
图 1. 32（a）	National Oilwell Varco（NOV）
图 1. 32（b）	National Oilwell Varco（NOV）
图 1. 32（c）	OSHA
图 1. 32（d）	National Oilwell Varco（NOV）
图 1. 32（e）	Steve Devereux

续表

图号	致　谢
图 1.33	NIOSH（public domain）
图 1.35	Deepak Choudhary
图 1.36	National Oilwell Varco（NOV）
图 1.37	osha. gov© University of Texas at Austin
图 1.38	National Oilwell Varco（NOV）
图 1.40	National Oilwell Varco（NOV）
图 1.41	National Oilwell Varco（NOV）
图 1.42	drillingformulas. com
图 1.43	drillingformulas. com
图 1.44	Guzelian
图 1.45	World Oil
图 1.46	Roy Luck
图 1.47	OSHA
图 1.48	Central Mine Equipment Company
图 1.50	CleanTech
图 1.52	Vallourec
图 1.53	Kecin Copple
图 1.54	National Oilwell Varco（NOV）
图 1.56	TIX Holdings Company Limited
图 1.59	Stavanger Oil Museum
图 1.60	Baker Hughes
图 1.61	Baker Hughes
图 1.62	TIX Holdings Company Limited
图 1.63	Baker Hughes
图 1.68	Schlumberger Limited（SL）——Image and any associated trademarks owned by SL
图 1.69	Enventure
图 1.71	Schlumberger Limited（SL）——Image and any associated trademarks owned by SL
图 1.72	Mono-block wellhead
图 1.73	OneSubsea
图 1.74	Schlumberger Limited（SL）——Image and any associated trademarks owned by SL
图 1.75	HartmannValves（https：//commons. wikimedia. org/wiki/File：Wellhead_ Bohrlochkopf. JPG），"Wellhead Bohrlochkopf"，https：//creativecommons. org/licenses/by/3. 0/legalcode
图 1.76	Alamy/Shell
图 1.77	Saab Seaeye Ltd.
图 1.78	Schlumberger

续表

图号	致　谢
图 1.79	Schlumberger Limited（SL）——Image and any associated trademarks owned by SL
图 1.80	Schlumberger Limited（SL）——Image and any associated trademarks owned by SL
图 1.81	Ovo Egguono Nigeria Ltd
图 1.82	Schlumberger Limited（SL）——Image and any associated trademarks owned by SL
图 1.83	Halliburton
图 1.84	Schlumberger Limited（SL）——Image and any associated trademarks owned by SL
图 1.85	Halliburton
图 1.86	Vautron. com. au
图 1.88	Baker Hughes
图 1.89	Halliburton
图 1.90	Schlumberger Limited（SL）——Image and any associated trademarks owned by SL
图 1.91	Forum Energy Technologies, Inc.
图 1.92	Schlumberger Limited（SL）——Image and any associated trademarks owned by SL
图 1.93	Halliburton
图 1.95	Centek Limited
图 1.99	Prof. Pidwirny, Michael, University of British Columbia
图 1.105	Baker Hughes
图 1.106	Halliburton
图 1.108	Baker Hughes
图 1.109	National Energy Board of Canada
图 1.111	Shell International
图 1.112	Shell International
图 1.115	Halliburton
图 1.116	Schlumberger Oilfield Review, Summer 1999 [See Note 1 below]
图 1.117	Schlumberger Oilfield Review, Summer 1999 [See Note 1 below]
图 1.118	Schlumberger Oilfield Review, Summer 1999 [See Note 1 below]
图 1.119	Schlumberger Oilfield Review, Summer 1999 [See Note 1 below]
图 1.120	Schlumberger Oilfield Review, Summer 1999 [See Note 1 below]
图 1.121	Schlumberger Oilfield Review, Summer 1999 [See Note 1 below]
图 1.122	Schlumberger Oilfield Review, Summer 1999 [See Note 1 below]
图 1.123	Schlumberger Oilfield Review, Summer 1999 [See Note 1 below]
图 1.125	Schlumberger Oilfield Review, Summer 1999 [See Note 1 below]
图 1.126	Schlumberger Oilfield Review, Summer 1999 [See Note 1 below]
图 1.127	Schlumberger Oilfield Review, Summer 1999 [See Note 1 below]
图 1.128	Schlumberger Oilfield Review, Summer 1999 [See Note 1 below]

续表

图号	致　谢
图 1.129	Schlumberger Oilfield Review, Summer 1999 ［See Note 1 below］
图 1.130	Halliburton
图 1.131	Halliburton
图 1.132	Wikipedia user Blastcube (https：//commons. wikimedia. org/wike/File：Diamond _ Core. jpeg), "Diamond Core", https：//creativecommons. org/licenses/by-sa/30/legalcode
图 1.133	Photo：Mark Pomeroy
图 1.134	Interntional Ocean Discovery Program ［See Note 2 below］
图 1.136	Crain's Petrophysical Handbook
图 1.138	American Oil & Gas Historical Society
图 1.140	hvmag. com/Al Granberg/Propublica
图 1.141	Dave Yoxtheimer, Penn State Marcellus Center for Outreach and Research
图 1.142	Owner：Texas Energy Museum
图 1.143	Univeristy of California Berkeley/Deepwater Horizon Study Group
图 1.144	Helix Energy Solutions Group, Inc
图 1.145	Source：Oil & Gas UK
图 1.146	Ian West Geology Photographs
图 1.147	TastyCakes on English Wikipedia (https：//commons. wikimedia. org/wiki/File：Pump_Jack_labelled. png), "Pump Jack labelled", https：//creativecommons. org/licenses/by/3. 0/gegalcode
图 1.148	Image courtesy of Octal Steel
图 1.150	Baker Hughes
图 1.151	Baker Hughes
图 1.152	Schlumberger Limited (SL) ——Image and any associated trademarks owned by SL
图 1.153	Baker Hughes
图 1.154	American Completion Tools
图 1.157	Statoil
图 1.161	Infostat Systems Inc.

注：（1）图 1.116 至图 1.123 和图 1.125 至图 1.129 为经斯伦伦贝谢公司许可使用的油田图例版权综述。作者感谢 Aldred W, Plumb D, Bradford I, Cook J, Gholkar V, Cousins L, Minton R, Fuller J, Goraya S, Tucker D. Managing drilling risk, Oilfield Review 11, 2 (Summer 1999)：pp. 2-19.

（2）图 1.134 出自 Expedition 319 Scientists, 2010. Methods. 在 Saffer D, McNeill L, Byrne T, Araki E, Toczko S, Eguchi N, Takahashi K, and the Expedition 319 Scientists, Proc. IODP, 319：Tokyo (Integrated Ocean Drilling Program Management Interna tional, Inc.). doi：10. 2204 / iodp. proc. 319. 102. 2010.

2 岩心分析

乌拉尔.桑德.苏伊梅 (Vural Sander Suicmez)[1,5],

马塞尔.波利卡尔 (Marcel Polikar[2,5]),

景旭东 (Xudong Jing)[3] and

克里斯托弗·彭特兰 (Christopher Pentland)[4,5]

1 丹麦哥本哈根，马士基石油天然气公司 (Maersk Oil& Gas A/S, Copenhagen, Denmark)
2 加拿大蒙特利尔，独立咨询师 (Consultant, Montreal area, Canada)
3 荷兰，壳牌全球解决方案国际有限公司
(Shell Global Solutions International BV, The Netherlands)
4 阿曼马斯喀特，阿曼石油开发公司
(Petroleum Development Oman, Muscat, Sultanate of Oman)
5 荷兰壳牌全球解决方案国际有限公司前员工
(Shell Global Solutions International BV, The Netherlands)

2.1 引言

"岩石物理学"这一术语最初是由壳牌工程师格斯·E·阿奇 (Gus E. Archie)[1]在对油藏岩心材料进行实验室测量时提出的。虽然岩心分析的概念已经扩展到测井数据的采集和解释，但岩心分析仍然是岩石物理领域的一个重要内容。

岩心分析可以定义为对回收岩心试样理化性质的实验室测量，用于多个学科的研究。例如，地质学家需要岩心分析来进行相分析、矿物识别或黏土分型，或获取沉积信息并建立静态油藏模型。油藏工程师利用岩心分析技术对现场应用的流体流动特征进行综合解释，从而设计和优化采收率过程。生产技术人员可以获得关于井的注入能力、防砂参数、压裂设计的岩石力学参数和酸化增产的岩石矿物成分等信息。一般来说，岩石物理学家的任务不仅是组织和执行取心和岩心分析方案，而且还要设计岩心分析测量，以校正测井曲线和确定测井解释模型的输入参数。从回收的岩心试样中可以收集到各种各样的信息，需要来自不同地下技术团队的专家的参与。图2.1总结了不同术科的岩心分析要求。

显然，油气储层的经济、高效开发很大程度上依赖于对储层的关键特性（如孔隙度或渗透率）和岩水相互作用（如润湿性）的认识。此外，求解多孔介质中的渗流问题需要毛细管压力和相对渗透率等多相输运特性的函数。这些数据只能通过认真执行岩性分析程序来收集。岩心试样被认为是地下研究最直接和最有价值的数据来源之一[2]。在详细讨论实验室测量技术之前，我们先讨论岩心取样、处理和保存的过程。

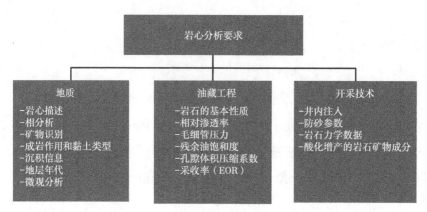

图 2.1 不同术科的岩心分析要求

2.2 地层取样

地层取样分为两大类：钻井岩屑和岩心取样（图 2.2）。

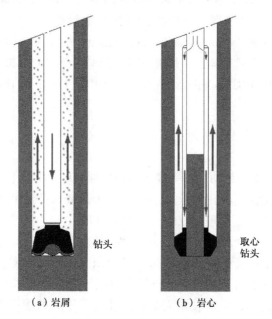

（a）岩屑 （b）岩心

图 2.2 地层取样的示意图

2.2.1 钻井岩屑

钻井岩屑通过钻井液循环到地面并收集，用以进行测试。它们提供了有关地下渗透层的有用信息，如矿物组成、岩石孔隙大小分布以及各层可能的流体含量。

虽然钻井岩屑提供的数据很及时且获取花费相对低廉，但从中获得的信息的可靠性和准确性是有限的。其中一个不确定因素与深度有关。岩屑随钻井液一起到达地面，这一过程可能需要几个小时，因为这个过程取决于岩屑在钻井液中的摩擦力和循环水力；因此，地层的深度往往不能很准确地确定。

另一个缺点是岩屑的大小和形状不规则。由于岩屑太小，受到钻头的干扰，可能无法进行孔隙度和渗透率等岩石物性进行准确的测量。此外，岩屑经常被钻井液污染，通过岩屑获得的信息可以与更精确、更复杂的岩心柱分析评价方法所获得的信息相补充。

2.2.2 取心

取心是指从井筒中切割和取出岩石试样的过程。岩心试样可以认为是关于地下岩石最直接的信息来源；但是，如果取心过程没有认真设计，就可能无法获得质量良好的数据。有必要了解取心过程对整个岩心分析方案可能产生的影响。在取心过程中发生的事件在随后的测量结果解释中会起到关键作用。从钻头接近岩心材料的那一刻起，一系列的改造过程就开始了[3]。在轻微过平衡常规钻井过程中，井内钻井液柱的压力要大于来自地层中流体的压力。在压差作用下，钻井液和钻井液滤液侵入紧邻井壁的地层，从而用钻井液及其滤液冲洗地层。当使用水基钻井液钻井时，水滤液侵入岩心，置换了部分石油，同时也置换了一些原始的孔隙水[4]。因此，在钻井压力作用下，岩心的物理性质（如渗透率或孔隙度）可能发生改变，从而影响测量的结果。此外，当试样被带到地面时，岩心的围压在不断减小，使得圈闭其内的水、石油和天然气发生膨胀。

膨胀系数较大的气体把油和水从岩心中排出。因此，地表岩心的流体含量与地层中岩心的流体含量有显著差异[4]。因此，在计划和执行取心方案时应格外小心。这些考虑因素包括钻头类型、岩心类型、钻井液组成、岩心筒长度和类型以及岩心提取到地面的速率[5]。适当的考虑可以使岩心回收数量最大化。此外，取心需要明确界定目标层，在许多情况下还需要经济上的考量。在减少岩石和流体性质的不确定性方面，应明确指出取心程序的附加价值。实施取心作业前，需要有一个明确的岩心分析方案。在有充分的理由和必要的技术之后，才开始进行岩心取心。

取心主要有两种类型：（1）沿井筒轴向取心，称为井底连续取心；（2）从井壁取心，称为井壁取心。

2.2.2.1 井底连续取心

顾名思义，这种方法是沿井筒轴向在井底切割岩心。采用附在钻杆底部的取心筒来获得井底连续取心。取心钻头安装在取心筒外筒上，取心器安装在取心筒内筒底部。取心筒和取心钻头的示意图如图 2.3 所示。岩心为圆柱体，通常长 9m 或 18m，直径 10cm。岩心通过取心筒带到地面。虽然可以切割不同长度和直径的岩心，但减小岩心直径从而加快取心速度是一个趋势，这样的取心成本更低。切割定向的岩心也是可行的，这些岩心有沿其长度绘制的线，以显示相对于取心钻头的岩心位置。测量岩心顶部的方位与测量井斜的方法相似。在地下有裂缝的地方，定向岩心尤其有价值。

由于标准的取心技术存在一定的局限性，因此成功应用的程度各不相同。岩心分析行业面临的主要问题是岩心材料的破坏（特别是对于松散地层）、钻井液侵入以及一些取心作业带来的高成本。其中一些问题可以通过几种专业取心技术来解决，因为每种技术都具有特有的优势[6]。海绵取心、凝胶取心和随钻取心（CWD）就是专业取心技术的例子。

为了提高岩心含油饱和度的精度，研发了海绵取心技术[7]。当岩心被取回到地面后，岩心中包含的流体随岩心的压力降低而被排出，然而可将一个收集吸收性聚氨酯材料（海绵）内衬在内取心筒上，将流体收集并获取。该海绵由开孔泡沫组成，孔隙度为 70%～80%，海绵

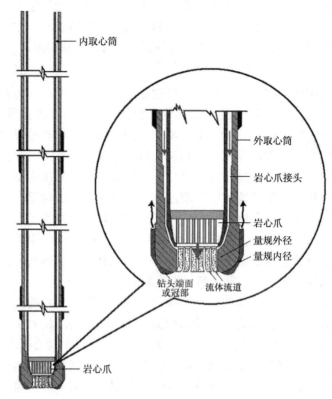

内取心筒

外取心筒

岩心爪接头

岩心爪

量规外径

量规内径

钻头端面
或冠部

流体流道

岩心爪

图2.3   岩心筒和连接在钻杆底部的钻头示意图

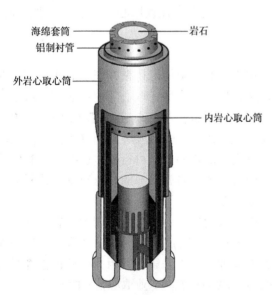

海绵套筒

岩石

铝制衬管

外岩心取心筒

内岩心取心筒

图2.4   海绵取心筒示意图

[由赛克瑞特（Security）DBS 公司提供]

的内部连通性非常高（图2.4）。海绵能吸收和收集的流体体积容量比大多数岩石材料大一个数量级。根据岩心分析目的的不同，海绵可优先选择亲油海绵或亲水海绵。亲油海绵与水基钻井液配套使用，亲水海绵与油基钻井液配套使用。

Corpro 集团最近推出了一种称为液体捕集器的替代工具，可以在取心过程中进行准确、直接的饱和度测量。液体捕集器的内筒配备了一个充气密封系统，可以在回收到地面的过程中捕获从岩心泄漏的液体。它有一个双密封系统，由上密封和下密封组成，将内筒中的岩心分离为 1m（3ft）的岩心/流体封闭隔间。

在井场，及时收集从分隔室中排出的流体，从而估算出排出液体的总体积。通过将捕集器中获得的油量与相邻岩心中测得的油量相加，就可以计算出剩余油饱和度。后来，Corpro 集团又研制了一个更复杂的取心工具 QuickCapture。该系统的设计目的是捕获到从岩心顶部释放出来的全部气体。该技术的创新之处是在井下而不是在地面对所有气体和液体进行减压和取样。该工具可以将密封 500psi 压力的岩心取回地面，同时保留回收期间从岩心排出的所有气体和液体。

凝胶取心采用高黏度的凝胶进行井下岩心封装和保存，是作业人员在井场密集保存岩心的一种替代方法。岩心凝胶是一种黏性、高分子量的聚丙烯乙二醇，瞬时滤失量为零，不溶于水，安全环保。由于凝胶在岩心切割期间和岩心切割后立即与岩心直接接触，岩心进一步暴露于污染物的程度降到了最低。高黏度凝胶能以中等的抗压强度稳定不固结的岩石，提高岩心的完整性。岩心凝胶可以定制，以满足各种取心情况和岩石类型[6]。

随钻取心（CWD）系统旨在为作业人员提供不需要下钻的情况下使用同一钻头进行井底取心或钻进的可行性。在钻井模式下，该系统的使用方式与常规的井底钻具组合相同。在取心模式下，用内筒和轴承组件取代钻头塞，使钻头变成取心钻头。取心后，取心装置用钢丝绳和打捞器回收。随钻取心系统大大减少了连续全直径岩心切割所需的时间和成本[6]。

2.2.2.2　井壁取心

如果井眼条件不允许全直径连续取心，井壁取心是另一种获得储层岩石试样的方法。它也比连续轴向取心更便宜。取岩心试样的方法有两种：一种是通过向井壁发射空心圆柱形子弹来获取，称为冲击式井壁取心；另一种是通过与全直径岩心取心同样的方法钻取小的水平岩心来获取，称为旋转式井壁取心[2]。图 2.5 是用于冲击式井壁取心的井壁取样枪和旋转井壁取心工具的原理图。该技术的优点是获取井壁取心速度快，成本相对低廉，取心的确切深度已知，回收的试样比岩屑大得多，可以更好地评价地质变化和岩石物性的定

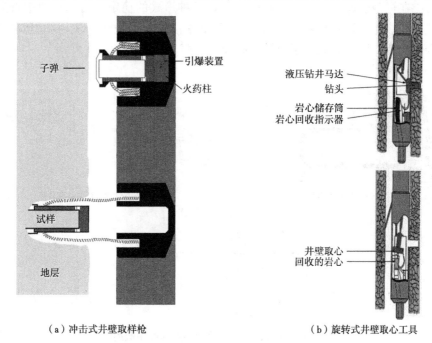

（a）冲击式井壁取样枪　　　　　　（b）旋转式井壁取心工具

图 2.5　取心工具示意图

量分析[2]。井壁取心的一个缺点是试样（特别是冲击岩心）经常损坏，因此可能不适合实验室测试。此外，试样量通常不足以进行更进一步的研究，例如多相流和相对渗透率的测量。

2.3　岩心处理和保存

取心和岩心保存方案的主要目标是获得具有地层代表性的岩石，并将其尽可能原封不动地送到岩心分析实验室。虽然目前已经开发了诸多的处理和保存岩心试样的技术，但遗憾的是，没有一种技术是最佳方案。针对不同的岩石类型的技术可能有不同的注意事项。岩心处理技术可能取决于运输时间的长短、储存的类型以及将要进行的具体试验的性质[8]。

常规的岩心处理方法是将岩心分割成1m（约3ft）的岩心段，从钻台或工作平台的内取心筒中提取岩心。然后，这些岩心段按顺序装入岩心盒运输，并被带到指定的位置用于观察和描述。岩心应进行摆放、清洗、安装、标记和描述，然后装入最终的运输箱，以便运往岩心存储库或岩心分析中心[9]。

为了防止或限制岩心扰动，需要某些附加的预防措施。研究表明，内取心筒的挠曲使得岩心产生裂纹，造成严重的岩心损伤。这一问题在直径较小的取心筒中尤为突出，出现在玻璃纤维和塑料衬管上比在其他刚性材料上更为显著。为了排除这种干扰，内取心筒/衬管必须采用刚性结构支撑。为了保证在岩心安全提升的同时防止其挠曲变形，设计能够容纳9m（约30ft）岩心长度的内取心筒的岩心支架是最佳的解决方案。空间限制（小的或封闭的钻台）可能无法使用这种支架。支架安放在工作平台或其他地方，取心筒通过支架举升并安装。然后，可以根据之前制定的方案处理岩心（如测量、封堵、切割、取样、重新包装)[9]。

松散岩心在运输前通常需要在岩心筒内进行某种形式的稳定。石油行业中普遍采用以下两种稳定方法：冷冻岩心和在岩心/岩心筒环空中注入快速硬化环氧树脂/塑料。通常两种方法结合使用[9]。图2.6概述了松散岩心处理程序。

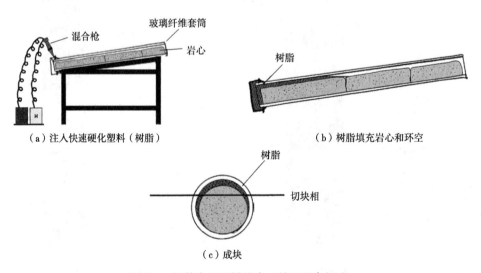

（a）注入快速硬化塑料（树脂）

（b）树脂填充岩心和环空

（c）成块

图2.6　松散岩心试样的岩心处理程序概述

海绵岩心可能需要类似于适用于其他容器岩心的预防措施。当然，它需要特殊程序用于取心前岩心筒的准备以及取心后岩心筒的包装和密封[9]。由于这种取心方式的特殊性，应与相关承包商和数据的最终用户详细讨论要求。

2.4 岩心分析准备

岩心在井场进行切割和保存后，运至岩心分析实验室，在那里进行各种测量。这些测量分为两大类：（1）基础（或常规）岩心分析实验室（RCAL）测量；（2）特殊岩心分析实验室（SCAL）测量。它们包括颗粒密度、孔隙度、渗透率、流体饱和度、电阻率、毛细管压力和相对渗透率测量。然而，在这些测量之前应该采取一些步骤。这些步骤包括成像、试样选择、岩心封堵和岩心准备。进行基础岩心分析测量的流程图如图2.7所示。

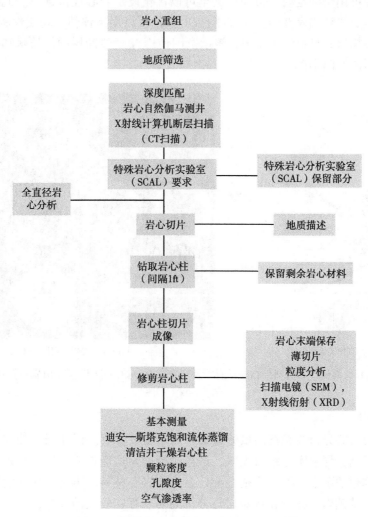

图 2.7　推荐用于基础岩心分析的流程图[5]

2.4.1 岩心描述和成像

获取岩心后，自然伽马测井是进行岩心分析的第一步。自然伽马测井仪是一种便携式设备，可在岩心切割和提取后立即进行自然伽马测井。该分析既可在井场进行，也可在实验室进行，其主要目的是将岩心剖面的深度与预期岩性进行对比分析，将页岩段与非页岩段（储层）分隔开来。可靠的现场分析使作业者能够对进一步取心、测试和完井作业做出快速、实时的决定。

X射线计算机断层扫描（CT）是应用最广泛的成像技术之一。它可使内部岩石特征可视化。1972年，豪恩斯菲尔德（Hounsfield）首次将其作为放射成像技术引入。CT扫描仪是一种非破坏性的成像工具，它可以扫描在仍在玻璃纤维取心筒和塑料衬管材料中的岩心。它不仅揭示了岩心的内部结构，而且揭示了在实验室测量之前各种取心和岩心操作所造成的破坏。该结果可用于确定切片方向，甚至可以优化设定岩心柱位置[9]。此外，地层非均质性需要一种具有统计代表性的抽样策略，CT扫描可以用来评估非均质性程度[2]。图2.8为计算机辅助扫描岩心材料的示意图，该示意图使用X射线断层扫描技术和从全直径岩心扫描研究中获得的CT图像。

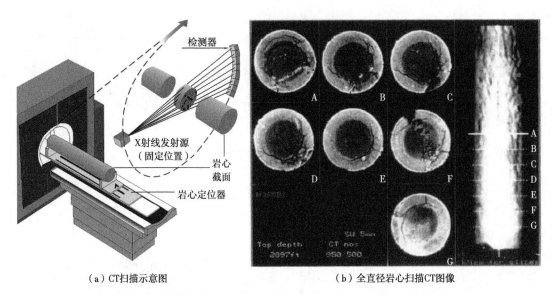

（a）CT扫描示意图　　　　　　　　　　（b）全直径岩心扫描CT图像

图2.8　岩心材料的计算机辅助扫描示意图及全直径岩心扫描CT图像（由岩心实验室提供）

2.4.2 试样选择

岩心取样对岩心分析实验室测量的成功与否有重要影响。试样程序处理不当可能会使测量范围受到限制，导致实验结果无效。试样选择必须适应地质、岩石物理、油藏工程等学科的需要。理想情况下，抽样应是有统计意义的岩心材料的再现。样本的选择取决于测试的类型。由于基础岩心分析和特殊岩心分析的要求存在较大的差异，为了满足整体岩心分析的目标，需要进行相应的试样选择。

2.4.2.1 基础（常规）岩心分析取样

基础岩心分析实验室（RCAL）通常要求试样长度为1ft（约30cm）。如果预定位置大量的岩心柱质量较差，则可选取其他位置（距离预定位置几英寸的地方）。总的来说，重点应放在尽可能接近 1ft 间距岩心柱的切割上，而不应考虑岩性的变化。否则，可能会在无意中引入地层性质明显较好这样的认识偏差，从而导致错误的测井校正[5]。当然，应该避免使用代表两种不同岩性（在不同岩性的边界上）的岩心柱。因为在这些岩心柱上获得的实验数据可能会产生严重的误导。岩心柱可以沿平行和垂直于层理的方向切割。这将有助于评价渗透率等各向异性油藏参数。

2.4.2.2　特殊岩心分析取样

顾名思义，特殊岩心分析取样是指在特殊岩心分析实验室（SCAL）测量取样时应采取一些特殊的预防措施。与基础岩心分析实验室测量不同，特殊岩心分析实验室测量取样是不定期进行的。测量的重点通常放在地层中岩石类型上。取样的位置和数量应该能够代表所考虑的岩石类型。就岩石物理参数而言，一开始看起来完全均匀的岩心实际上可能高度不均匀的。因此，在选择试样时，强烈推荐使用非破坏性成像技术，如 CT 扫描。此外，为使样本的代表性最大化，建议在一项测量中取 2 倍的试样，或可能需要重复测量[5]。当然，进行特殊岩心分析的岩心试样数量通常比基础岩心分析少得多。

2.4.3　岩心柱制备

正如前面提到的，岩心柱的选择取决于要进行的测量的类型。对于基础岩心分析，每英尺（约 30cm）完成一次；而在特殊岩心分析中，重点是岩石类型的分析。在钻取岩心和开始进行岩心分析测量之前，需要采取几个准备步骤，如清洗、饱和度测量和干燥等。

2.4.3.1　钻取岩心柱

将钻取的岩心切分成两个厚片。在岩心切片之前，可以保留岩心的选定部分，用于全直径岩心分析或某些特殊岩心分析实验。通常通过 CT 扫描来确定最佳切片平面。这些切片的厚度大约是整个岩心沿长轴长度的⅓~⅔。岩心柱一般取自较厚的切片（切片厚度为整个岩心长度的⅔）。在钻岩心柱时，根据岩心材料的不同使用不同的润滑剂。淡水用于纯净砂岩和碳酸盐。煤油（或白油）用于页岩和含盐试样。盐水用于含有黏土或高盐度环境的岩心。钻取的松散岩心柱通常使用液氮保持冻结。钻一个岩心柱通常需要 10~15min。通常的岩心柱尺寸为直径 2.5cm（1in），长度为 5~7cm（2~3in）。用于特殊岩心分析测量的岩心柱通常切割得稍大一些（直径为 1.5in）。流体的性质可能随试样的取向而变化。因此，在钻取岩心柱时要谨慎选择层理方向。水平岩心柱应平行于视层理面钻取，垂直岩心柱应垂直于视层理面钻取[5]。

2.4.3.2　岩心柱清洗

在进行孔隙度和渗透率测量之前，应彻底清理试样中的储层流体。清理是通过热溶剂萃取［索格利特（Soxhlet 萃取）］技术实现的。根据岩石类型、流体特征、岩石矿物学和时间，确定出最适宜的溶剂。最常应用甲苯萃取水和油气。之后，通常用氯仿/甲醇混合物萃取盐类。

热溶剂萃取技术除去了岩心中的所有流体。因此，如果有必要，应在清洗过程开始之前进行初始流体饱和度测量。迪恩—斯塔克（Dean-Stark）蒸馏是流体饱和度测量应用最广泛的技术。图 2.9 为迪恩—斯塔克装置的示意图。首先，将试样称重并放入仪器中。溶剂通过沸腾蒸发后上升，从试样中提取水分。然后，溶剂和水蒸气在回流式冷凝器中冷凝，

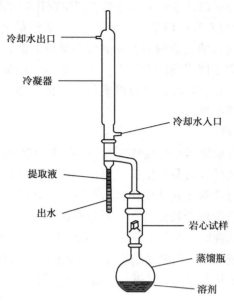

冷却水出口

冷凝器

冷却水入口

提取液

出水

岩心试样

蒸馏瓶

溶剂

图2.9　迪恩斯塔克（Dean-Stark）蒸馏萃取装置

并收集在标有刻度的接收管中。水与溶剂不混溶，并在管的底部沉淀，因为它是密度较大的相。因此，可以在接收管中直接测量水的提取体积。溶剂回流到蒸馏烧瓶中。萃取出来的油仍在溶液中。初始含水饱和度的计算方法是将接收管收集的水的块体体积除以样品的实测孔隙体积。油萃取完成后，用蒸馏过程前后样品的重量来测量初始含油量。

迪恩—斯塔克蒸馏通常需要7~10d。尽管有些矿物可能受到影响，但这是一种非破坏性的技术。测量含水体积通常是精确严谨的。利用迪恩—斯塔克技术计算流体饱和度的方程式如下：

$$水的质量分数 = \frac{水的体积 \times 水的密度 \times 100}{初始样品质量} \tag{2.1}$$

$$固体的质量分数 = \frac{样品的干重 \times 100}{初始样品质量} \tag{2.2}$$

$$油的质量分数 = \frac{（初始样品质量 - 样品的干重 - 水的质量）\times 100}{初始样品质量} \tag{2.3}$$

注意，饱和度是用相对于总孔隙体积的相体积百分比来表示的。因此：

$$水的饱和度 = \frac{水的体积 \times 100}{孔隙体积} \tag{2.4}$$

$$油的饱和度 = \frac{油的重量 \times 100}{油的密度 \times 孔隙体积} \tag{2.5}$$

从式（2.4）和式（2.5）中可以看出，饱和度计算需要试样的孔隙体积，而试样的孔隙体积是在岩心适当清洗并进行测量后才能得到。由于盐水的密度与蒸馏水的密度不同，这也需要进行体积校正。知道了盐水的密度和盐度，就可以很容易地计算出试样中盐水的初始体积。

2.4.3.3 干燥

测量完饱和度并进行清洗后，岩心要进行干燥。在测量孔隙度和渗透率之前，必须去除盐和所有剩余溶剂。干燥技术有很多种，其中烘干是最常见、最便宜、最快速的方法。

多个岩心柱可以在真空对流炉中同时烘干。温度设定在95℃左右，每个岩心试样都要烘干，直到得到固体重量为止。当有水合矿物（如黏土）存在时，可使用湿度较高的烘箱来尽量减少试样的变化。湿度烘箱可设定在60℃以及40%的相对湿度。由于温度较低，烘干可能需要几天时间。由此产生的"有效"孔隙度需要仔细校正，以便与测井导出的有效孔隙度或总孔隙度相符合[5]。

如果岩石中含有对流体相变化敏感的毛状伊利石等矿物，则可以采用临界点干燥（CPD）技术。由于在微小的孔隙中产生的巨大的界面张力，某些矿物会发生破坏。临界点干燥技术通过将流体压力提高到临界压力以上，阻止了岩石内部气液界面或液液界面上裂缝产生和发展。然而，如果使用岩心中的原始流体（油和盐水），这就不容易实现了。因此，通过甲醇和液态二氧化碳（CO_2）扩散将油和盐水从孔隙空间中替换出来。由于二氧化碳的临界性能（临界温度为32℃，临界压力为72bar❶），所以二氧化碳是首选。采用甲醇作为中间液，以保证充分混溶[5]。为了研究干燥效果，扫描电镜（SEM）通常与临界点干燥同时使用。这种技术通常比较费时，因为它依赖于扩散时间，这是一个与试样大小、渗透率和流体最初位置相关的函数。临界点干燥可能需要两周到两个月的时间。

2.5　基础岩心分析实验室测量

基础岩心分析有时也称为常规岩心分析。然而，在过去的几年里，为了强调与岩心分析相关的任何东西都不是常规的，"常规"这个词被有意地替换成了"基础"。相反，对于每一个新的储层，从取心到数据报告，每一步都需要格外小心和特别注意。顾名思义，基础岩心分析包括基本物理特性的测量。这些参数包括颗粒密度、孔隙度、渗透率和流体饱和度。

2.5.1 孔隙度和颗粒密度测量

孔隙度是衡量油气可储集空间的指标，是油气藏开发的重要参数之一。它定义为试样的孔隙体积除以其体积。孔隙度测量有几种不同的方法。这些方法计算了三个关键参数：块体体积、颗粒体积、孔隙体积。

2.5.1.1 块体体积

虽然块体体积可以通过对规则形状的试样的尺寸测量来计算，但通常的方法是通过观察岩心置换的流体体积求得[4]。这种技术有其特别的好处，因为它也可以应用于不规则形状的试样。但是，要注意防止流体侵入岩石的孔隙空间。这通常是通过使用汞作为流体来取代。由于其非润湿性，汞往往远离岩石的孔隙空间。在对试样应用这种技术时必须特别

---

❶　1bar=0.1MPa。

小心，因为试样可能被汞侵入大的空隙区而受到污染。

2.5.1.2 颗粒体积

应用最广泛的技术是波义耳定律（气体膨胀）法。这种方法是将压缩气体（通常是氦气，因为氦气分子体积小，在岩石表面吸附能力低）膨胀到干净、干燥的试样中。图2.10给出了双单元波义耳定律孔隙度计的原理图。气体（氦气）在预先设定的参考压力 p_2 进入已知体积的参考单元 V_2（图2.11）。然后，单元内的气体膨胀进入一个已知体积 V_1 和压力 p_1 的连接腔，其中包含未知颗粒体积的岩心试样。然后测量平衡压力，由式2.6计算颗粒体积 V_g。

$$p_1(V_1-V_g)+p_2V_2=p(V_1+V_2-V_g) \tag{2.6}$$

式中，p_1 和 p_2 为阀门开启前测得的单元1和单元2处的压力值，p 为阀门开启后整个系统的平衡压力。

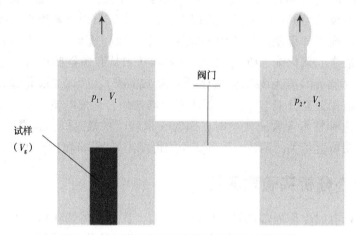

图2.10 双单元波义耳定律孔隙度计的原理图

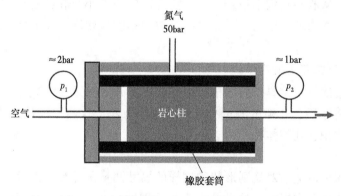

图2.11 卢斯卡（Rouska）渗透率仪原理图

2.5.1.3 孔隙体积

孔隙体积虽然可以直接测量，但通常是通过从体积中减去颗粒体积来间接计算的。所有的直接测量技术都能得到有效的孔隙度。这些方法要么是从岩石中提取流体，要么是将流体引入岩石的孔隙空间[4]。

2.5.1.4　颗粒密度

比重计是对已知质量的岩心，通过精确校正体积，用来测量颗粒（基岩）密度的小玻璃管。将干燥干净的试样放在比重计中。称重后，在比重计中充入甲苯或煤油，溶剂被脱气。然后在已知的温度下测量比重计、试样和溶剂的质量。颗粒密度可通过质量、密度仪体积和溶剂密度计算得到[5]。

颗粒密度也可以通过将干燥的样品在天平上简单精确的称量，然后将测量的质量除以根据波义耳定律（如果可行的话）计算出的颗粒体积来计算。

$$颗粒密度 = \frac{干试样质量（g）}{颗粒体积（cm^3）} \tag{2.7}$$

在过去的几十年里，孔隙度的实验室测量技术没有显著的变化。测量的精度可能受到多种因素的影响，例如在某些情况下，颗粒体积测量精度和颗粒损失。在比较实验测得的孔隙率和测井得到的孔隙率时，应考虑试样制备的影响和试样体积的代表性。

2.5.2　渗透率测量

渗透率是指地层输送流体的能力。达西定律指出，不可压缩的单相流体通过岩石孔隙，其体积流量为

$$Q = \frac{KA（p_i - p_o）}{\mu L} \tag{2.8}$$

式中　Q——层流条件下的体积流量，cm^3/s；

　　　K——渗透率，D；

　　　A——横截面积，cm^2；

　　　p_i、p_o——进口和出口压力，atm；

　　　μ——黏度，cP；

　　　L——长度，cm。

注意，渗透率的单位称为达西（D）。达西应用于油田单位，1D 约为 $10^{-12} m^2$。

准确预测渗透率和计算其非均质性是油田开发研究的关键。渗透率估算最直接的方法是利用岩心进行实验，范围从井壁岩心到全直径岩心。如果试验设计得当，解释模型受到地质和地球物理数据的严格约束，试井分析还能提供更大体积范围内流体流动性（即渗透率）的信息。

2.5.2.1　稳态测量

将已知长度和直径几何规则的样本放入哈斯勒（Hassler）型岩心夹持器中。将气体（通常是空气或氮气）从进气口注入，使其在试样中流动，并通过在进气口和出气口之间产生压力梯度。通过渗透仪测量岩心柱的压力梯度和流量。卢斯卡（Rouska）渗透率仪的示意图如图 2.11 所示。渗透率的计算采用了考虑气体压缩系数达西方程的修正形式：

$$K_g = \frac{2000 p_a \mu Q L}{（p_1^2 - p_2^2）A} \tag{2.9}$$

式中　K_g——气体渗透率，mD；

p_a——大气压，atm；

μ——黏度，cP；

Q——体积流量，cm^3/s；

L——长度，cm；

p_1 和 p_2——分别为进口和出口压力，atm；

A——横截面积，cm^2。

为了详细分析岩心的渗透率空间变化，可以使用探头式渗透率仪（微型渗透率仪）。探头式渗透率仪的原理图如图 2.12 所示。在探头式渗透仪中，气体从小直径探头的末端喷出，小直径探头密封在板状或暴露的岩心表面。测量探头内的气体流量和压力，并用于渗透率计算。由于所测得的渗透率仅局限于封闭层附近的一个小区域，因此该技术对于表征小尺寸的地质各向异性特别有用。通常，探头式渗透率仪测量的结果是沿岩心的渗透率剖面，或沿片状岩心表面的二维阵列。所获得的数据可以根据岩心柱渗透率测量值进行校正。

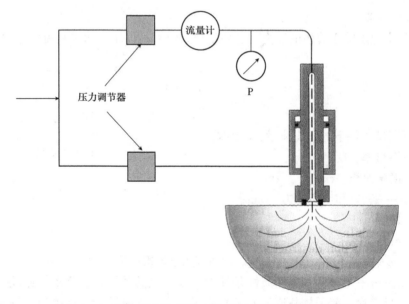

图 2.12 探头式渗透率仪（微型渗透率仪）的原理图[5]

2.5.2.2 非稳态测量

随着压力传感器计算能力和精度的提高，非稳态渗透率测量变得越来越普遍。图 2.13 显示了脉冲衰减渗透率仪的示意图。将一个干燥的试样放入岩心夹持器中。压力脉冲是通过增加上游容器的压力而引入的。然后系统恢复平衡压力，接近平衡的速率取决于岩心试样的渗透率。然而，在脉冲衰减法中，不需要等到达到压力平衡。因此，这种技术（或其变体之一）对低渗透试样特别有用，其中稳态测量可能会面临达到压力/流量平衡的时间过于漫长的问题。

2.5.2.3 全直径岩心测量

全直径岩心的制备方法与岩心柱相同。然后，将其放入岩心夹持器的橡胶套筒中，施

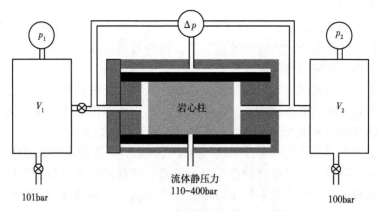

图 2.13　脉冲衰减渗透率仪的示意图

加约 20bar 的围压。这提供了沿试样边缘的密封。图 2.14 为全直径岩心测量仪的原理图。其测量原理与稳态测量相同；垂直渗透率可以很容易地通过穿过岩心的长度方向的气体流动来确定。然而，水平渗透率测量更为复杂。气体 通过一组透气性滤网穿过试样的圆柱面，该滤网覆盖在试样表面的相对象限上，并旋转 90°，使测量可以在两个垂直方向上进行。两个水平渗透率中较高的为 K_{max}，较低的为 K_{90}。通常，计算渗透率的几何平均值，用于孔隙度—渗透率相关和渗透率估计的测井校正[5]。

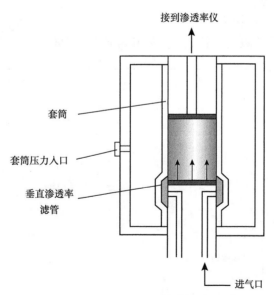

图 2.14　全直径岩心渗透率测量仪原理图[5]

2.5.2.4　影响渗透率测量的因素

岩心试样的渗透率受各种因素的影响。气体滑脱、围压、孔隙率、惯性（紊流）效应和不适当的岩心柱清洗或干燥就是其中几个主要因素。因此，在制备试样和进行测量时应采取一定的预防措施。

2.5.2.4.1 气体滑脱

克林肯贝格（Klinkenberg）[10]在比较非反应性液体和气体的数据时，测量了渗透率的变化。这些变化与气体滑脱的实验室效应有关，这种效应可以描述为气体分子比液体分子更容易保持沿液体界面前进的速度。

液体在固体壁上的速度通常接近于零。然而，气体分子的壁面速度不是零。这可能会导致两种不同的岩石渗透率测量结果，这取决于实验中使用的流体。由于渗透性是一种岩石性质，它应该与注入系统的流体无关。因此，需要对注气数据进行校正。

克林肯贝格指出，在平均压力较低时，由于气体分子不像液体分子那样粘附在孔壁上，气体沿孔壁上发生滑脱，故测量到的渗透率值较高。这就是所谓的滑脱效应。滑脱效应随着压力的增大而减小。因为一旦平均压力增大，气体就开始像液体一样进行运动了。实验数据表明，平均流动压力的倒数与渗透率关系曲线为一条直线。这条直线可外推至无限平均压力，外推点处的渗透率值称为等效液体渗透率。图 2.15 显示了一个克林肯贝格渗透率校正的例子。这种现象的数学表达式称为克林肯贝格方程，可以写成

$$K_1 = \frac{K_g}{(1+\dfrac{b}{p_m})} \tag{2.10}$$

式中　K_1——等效液体渗透率；

K_g——气体渗透率；

p_m——气体平均流动压力；

b——克林肯贝格常数，该常数与气体和岩石的类型有关。

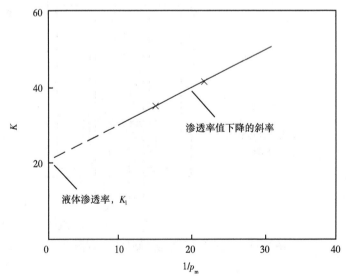

图 2.15　Klinkenberg 渗透率校正的一个例子

×是在不同压力下测量的渗透率值。将直线外推到无限平均压力（倒数收敛到 0），

渗透率值记为等效液体渗透率

注意，在低渗透和低压条件下，修正系数（按百分比计算）更大。随着渗透率和压力的增大，其体积越小。在储层条件下，由于流体压力大，通常可以忽略不计。

2.5.2.4.2　围压

理想情况下，应通过施加上覆岩层压力来模拟储层条件，进而进行渗透率测量。研究发现，上覆岩层压力降低了渗透率测量值。围压在松散岩石以及含有裂缝和微裂缝的试样上的影响更为明显。为了更好地理解和解释渗透率的影响，应对选定的试样在一系列围压条件下对渗透率进行测量。

2.5.2.4.3　惯性效应

如果通过岩心的气体流速非常高，惯性效应可能会变得非常重要，应加以考虑。它们通常会引起附加的压降。如果没有充分考虑惯性效应的影响，可能会导致渗透率计算值偏低。尽管在实验室研究中紊流作用引起的惯性效应经常是非常明显的，但一般来说，只适用于高产量气藏或轻质油油藏的近井筒区域。高产量气井已经证明了岩心扩展分析的必要性，该分析引入了非达西流动系数[11]。因此，在这类特定情况下的气体渗透率测量中，通常会出现福希海默（Forchheimer）校正因子 β。福希海默方程[12]的一般形式是

$$\mathrm{d}p/\mathrm{d}x = \alpha\mu v + \beta\rho v^2 \tag{2.11}$$

式中　p——压力；

x——长度；

α——平均系数，等于渗透率的倒数；

ρ——气体密度；

v——速度。

2.5.2.4.4　反应液体

通常认为水是一种非活性流体，但它与黏土矿物的相互作用可能使其在渗透率测量方面表现出活性。淡水可引起黏土显著膨胀[13]。因此，在选择合适的岩心、清洗和干燥技术时，应格外小心。例如：如果岩石中含有大量黏土矿物，在钻取岩心柱时应避免使用淡水；相反，应该使用具有适当盐度和离子平衡的盐水。

颗粒运动也可能导致渗透率降低，它是流速和流体密度的函数。在实验研究中，可以用临界流速来确定最大驱替速率，以避免细颗粒运动的发生[2]。

2.5.2.5　层间组合的平均渗透率

在油藏模拟研究中，虽然我们给每个网格块的渗透率赋予了单一的值，但岩石的渗透率分布很少是非常均匀的。网格块大小通常在水平方向上从几十米到几百米，垂直方向上从几米到几十米。大多数储层岩石的渗透率变化幅度要比上述距离小得多。在垂直方向使用更多网格块的原因是，大多数储层是分层的，每一层都有不同的渗透率。根据流动方向（水平方向或垂直方向），可以通过选择几种技术中的一种求平均值来确定有效渗透率。

2.5.2.5.1　水平流动（平行于分层）

若流动发生在平行于分层的水平方向［图 2.16（a）］，则有效渗透率为各渗透率的加权算术平均值，按每一层的厚度加权，有

$$K_{\mathrm{eff}} = \sum_{j=1}^{n} K_j h_j \bigg/ \sum_{j=1}^{n} h_j \tag{2.12}$$

式中 K_{eff}——有效渗透率；

       K_j——各层渗透率；

       n——层数；

       h_j——每一层的厚度。

2.5.2.5.2　垂直流动（垂直于分层）

如果流动发生在垂直于分层的垂直方向 ［图 2.16（b）］，则有效渗透率为各渗透率的加权调和平均值：

$$K_{eff} = L \bigg/ \sum_{j=1}^{n} L_j / K_j \qquad (2.13)$$

式中 L——每一分层长度 L_j 的总长度。

可以从式（2.12）和式（2.13）中计算出来。流动平行于分层时的有效渗透率受渗透性最好的分层控制，流动垂直于分层时的有效渗透率受渗透率最差的分层控制。

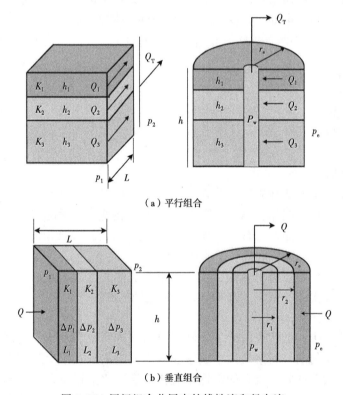

（a）平行组合

（b）垂直组合

图 2.16　层间组合分层中的线性流和径向流

2.6　特殊岩心分析实验室测量

特殊岩心分析程序通常包括以下实验测量：电学特性（如地层因数和电阻率指数）、润湿性、毛细管压力、相对渗透率和高温高压下的孔隙度/渗透率测量。下面将详细讨论每种测量技术。

2.6.1 电学特性

除某些黏土矿物外，岩心材料都是不导电的。因此，电学特性主要由充填岩石孔隙空间的流体决定。油气藏中的流体主要由石油、水和天然气组成。石油和天然气为非导体，水为导体。多孔储层岩石中的水含有溶解的盐，可以传导电流。材料的电阻率是导电率的倒数。

阿尔奇[14]（Archie）指出，饱和盐水的岩石电阻率随盐水电阻率的增加呈线性增长。他将比例常数定义为地层因数，其估计值为

$$F = \frac{R_o}{R_w} = \phi^{-m} \tag{2.14}$$

式中　F——地层因数；

R_o——盐水饱和岩石的电阻率；

R_w——盐水电阻率；

ϕ——孔隙度；

m——胶结指数，通过使用地层因数与孔隙度的双对数曲线得到（图 2.17）。

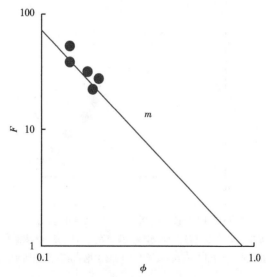

图 2.17　胶结指数（m）估计的一个例子

胶结指数是地层因数（F）与孔隙度（ϕ）对数—对数图的负斜率，一般取值为 1.1~2.4[2]。

注意图中每个圆点代表一个单独的岩心试样

阿尔奇利用墨西哥湾沿岸地区储层的砂岩岩心，推导了地层因数与孔隙度的关系。胶结指数的取值在 2 左右。当地层因数是岩石内部几何形状和孔隙度的函数时，可以使用更一般化的阿尔奇方程。它可以表示为

$$F = \frac{a}{\phi^m} \tag{2.15}$$

式中　a——岩石弯曲度的函数，取值为 0.62~3.7[2]。

如果岩心被盐水和油气部分渗透，岩石的电阻率就会增加，因为盐水是唯一的导电体。利用文献报道的实验数据，阿尔奇提出了以下关系式：

$$I = \frac{R_t}{R_o} = \frac{R_t}{FR_w} = \frac{1}{S_w^{-n}}$$ （2.16）

式中　I——电阻率指数；

R_t——部分渗透盐水岩石的电阻率；

R_o——完全饱和盐水岩石电阻率；

F——地层因数；

R_w——盐水电阻率；

S_w——含水饱和度；

n——饱和度指数，利用电阻率指数与含水饱和度的双对数图得到（图2.18）。

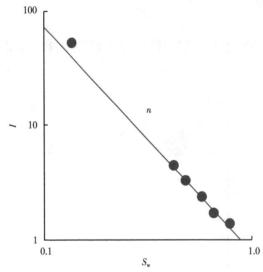

图 2.18　饱和度指数（n）估计的说明

饱和度指数是电阻率指数（I）与含水饱和度（S_w）的对数—对数曲线的负斜率。

注意图中圆点，在同一岩心试样上不同含水饱和度下测量得到的各点

在阿尔奇的早期工作中，他将实验数据与上述关系联系起来。他发现饱和指数是常数，测试样品的饱和指数等于2。然而，在后来的研究中，得到了一个更大数值范围的饱和指数[2]。

电阻率指数测量的目的是提供电阻率指数与含水饱和度之间的关系，进而可用于电阻率测井解释。从图中可以看出，阿尔奇方程［式（2.16）］假设电阻率指数与含水饱和度在对数——对数尺度中呈线性关系。然而，在复杂系统中，实验数据有时显示出非线性关系。电阻率指数与含水饱和度呈非线性对数—对数关系的原因可能是岩石黏土含量过高、系统润湿性或孔隙大小的多模态分布。图 2.19 表示了对数——对数图上典型的电阻率指数与饱和度的关系。阿尔奇关系只适用于不含导电固体矿物（黏土）的纯净岩石，而对于黏土含量高的砂岩或泥质砂岩，阿尔奇关系曲线是向下弯曲的。

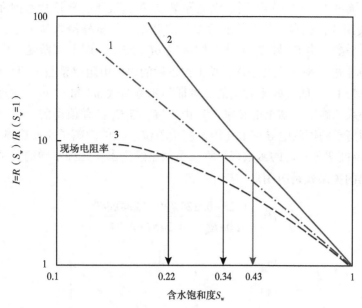

图 2.19　典型的 I-S_w 关系

得到了洁净岩石为线性关系（曲线 1），而亲油岩心向上弯曲（曲线 2），泥质砂岩向下弯曲（曲线 3）

对于泥质砂岩，特别是在低含盐量下，阿尔奇方程可能不再适用。这是因为泥质砂岩中存在双电层，为电流提供了第二条导电通道[2]。因此，在大多数泥质砂岩中，电阻率指数与含水饱和度的测井曲线关系呈向下弯曲（图 2.19 中的曲线 3）。精确地了解这个曲率对于正确地解释从电缆测井中获得的数据是非常必要的。目前已开发并应用了多种泥质砂岩模型。韦克斯曼-史密特（Waxman-Smits）[15]是最常用的技术之一，可以表示为

$$R_t = \frac{R_w \phi^{-m^*} S_w^{-n^*}}{(1 + R_w B Q_v S_w)} \qquad (2.17)$$

式中　m^*，n^*——本征阿尔奇指数；

　　　B——黏土交换阳离子的等效电导率；

　　　Q_v——单位体积阳离子交换容量。

测量单位体积阳离子交换容量（Q_v）的方法有很多种。电导滴定法、膜电位法和多重盐度测量法就是其中的几种。在电导滴定法中，将清洗后的试样压碎并称重。用合适的浸出液置换可交换阳离子，并用电导滴定法定量；这包括在监测电导率的同时对溶液进行滴定，当正确的滴定达到后，电导率会迅速上升[5]。电导滴定法也称为湿化学法。对于精确的单位体积阳离子交换容量测量，不建议使用这种方法，因为这种测试具有破坏性。这种测试需要破碎试样，这就破坏了黏土的形态和分布，并增加了额外的离子交换位点[2]。

在膜电位测量中，当两种不同盐度的盐水接触时，就会产生电势。当泥质试样位于界面处时，电势增加。增加的幅度直接关系到单位体积阳离子交换容量 Q_v[5]。这种技术既适用于固结岩石，也适用于松散岩石。这是一种无损测量方法，充分考虑了样品中黏土分布的影响。

在多重盐度测量中，在已知不同盐水电导率 C_w 的情况下，测量盐水饱和岩石样品的电导率 C_o。通常使用 4 种盐水，从最低的盐度依次开始。将试样浸入盐水中，直至不同盐度下的电导率达到平衡，由 C_o 与 C_w 的曲线图确定 BQ_v 的量，即韦克斯曼—史密特方程 [式 (2.17)] 中的黏土电导率（图 2.20）。黏土校正后的地层电阻率系数 F^* 是通过高矿化度数据拟合一条斜率为 $1/F^*$ 的直线来确定的。本征阿尔奇指数 m^* 和 n^* 可以通过地层电阻率系数与孔隙度的关系来确定。黏土电导率 BQ_v 由 $F^* C_o$ 与 C_w 的差值得到。

黏土交换阳离子的等效电导率 B（用于衡量单位体积的阳离子交换容量 Q_v）可作为盐水电阻率 R_w 和温度 T（℃）的函数来计算。虽然已经提出了几种不同的关系式，但朱哈斯（Juhasz）[16] 提出的关系式是应用最广泛。

$$B = \frac{-1.28 + 0.225T - 0.0004059T^2}{1.0 + R_w^{1.23}(0.045T - 0.27)} \tag{2.18}$$

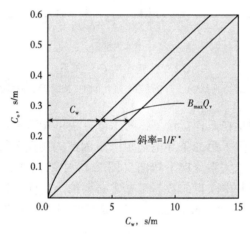

图 2.20 泥质砂岩盐水饱和岩石导电性（C_o）与盐水导电性（C_w）图的说明[5]

测量电阻率指数最常用的方法是多孔板法。在低围压条件下，将一个干净干燥的岩心柱试样放置在哈斯勒型压力池中用盐水 100% 饱和，测量电阻率 R_o。当系统为强亲水性时，在排驱过程中可将空气作为侵入相注入。否则，可能需要进行油/盐水驱替。对于给定的注入压力，当达到平衡（意味着不再生产盐水）时，监测样品电阻率和排出盐水的体积。逐步增加油压进行反复测量。为了模拟吸液过程，可以通过注入盐水来驱油。图 2.21 所示为多孔板测量的实例，其中饱和度是通过在达到平衡时在每个毛细管压力水平上的体积测量计算出来的。多孔板技术也可以在有代表性的围压条件下进行。由于在整个测试过程中，试样都处于压力作用下保持在适当的位置，因此不存在颗粒损失的风险，并且岩心和孔板之间的毛细管接触得以保持。这种实验还可以得到毛细管压力曲线。

测量电阻率指数的另一种常用方法是连续注入技术。首先称量干净干燥的试样，然后用盐水将试样 100% 浸透，并测量电阻率 R_o。油相以恒定的注入速率缓慢注入试样中。选择合适的注入速度，使油相可以在两周左右注入孔隙体积。通过物料平衡计算，利用注入/产出液体的体积来连续确定含水饱和度。与多孔板法相比，连续注入技术的优点是测量速度

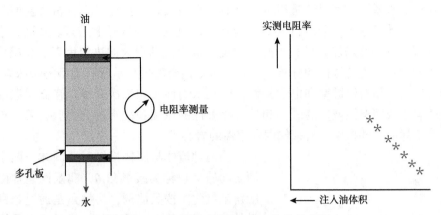

图 2.21   多孔板法测量电阻率指数的实例
多孔板位于岩心下方

更快，因为不需要在每个饱和点达到压力平衡。当然，与多孔板法相比，该方法的缺点是由于在测量的饱和点没有达到压力平衡，无法得到毛细管压力曲线。

在进行电阻率指数测量时，必须考虑迟滞现象。通常情况下，在排驱过程中，非润湿相驱替润湿相，即油驱替水循环时，进行测量。然而，在吸液过程（即水驱油）中可能无法获得相同的数据点。因为系统的润湿性可能在油侵后发生改变（图 2.22）。因此，在对吸液过程进行测量之前，应特别注意达到适当的润湿状态，这将在下一节中详细讨论。

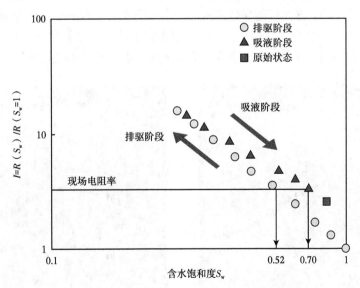

图 2.22   迟滞现象对 I—S_w 关系的影响

2.6.2   润湿性

石油储层中含有水、油和天然气。在处理多相体系时，必须考虑不同流体的润湿性。润湿性有时也称为附着能，定义为流体在存在其他非混溶流体时在固体表面扩散的能力[17]。

对于含油盐水系统，润湿性是指岩石对油或水的偏好。基础岩心分析实验或者只考虑一次排驱（非润湿相注入）行为的实验，应在清洗过的岩心试样上进行。然而，当考虑吸液周期（润湿相饱和度增加）的行为时，润湿性成为流动行为的决定因素。润湿性控制着油藏中流体的位置、流动特性和分布。岩心的润湿性会影响几乎所有类型的特殊岩心分析，包括毛细管压力、相对渗透率和电学特性，以及水的性质和三次采油。在储层温度和压力下，以天然岩心或润湿性恢复的岩心和具有代表性的原油和盐水进行实验，可以得到最准确的结果。这样的条件提供了模拟储层润湿性的岩心[18]。

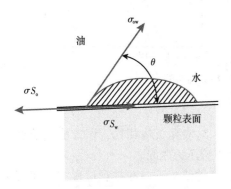

图2.23 水润湿岩石表面的图解
（接触角<90°）

当两种流体与固体接触时，固体与两个流体界面之间的夹角称为接触角 θ。润湿性通常由这个接触角来量化。按照惯例，接触角是通过致密相来测量的。如果接触角 θ 小于90°，则认为系统是润湿致密相的。否则，如果接触角 θ 大于90°，则对致密相无润湿。图2.23所示为一个亲水性系统，其中水作为致密相测量的接触角小于90°。

由于几乎所有干净的沉积岩都具有很强的亲水性，所以人们最初认为储层具有很强的亲水性。它们最初被水饱和，石油运移在后期才发生。然而，一旦石油运移到储层中，岩石的亲水行为可能会因极性化合物的吸附和原油中有机质的沉积而改变[17,18]。图2.24说明了储层原始润湿性的变化。一旦发生石油运移，储层的润湿性可能保持亲水性，也可能变成中等润湿、混合润湿或亲油性的。中等润湿性（或中性润湿性）意味着岩石对油或水没有偏好。也就是说，接触角在90°左右。混合（或部分）润湿性是指储层的某些部分是亲水的；其余部分都是亲油的。

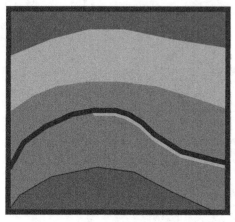 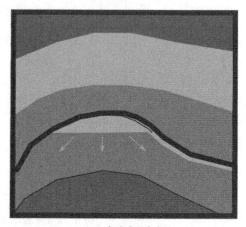

（a）亲水 　　　　　　　　　　　（b）亲油或混合亲油

图2.24 储层流体润湿性变化

储层一开始是强亲水的（a），但是，一旦石油进入储层，石油就会取代水，随着时间的推移，储层就会变得更加亲油或混合亲油（b）

　　润湿性的改变可能对大多数岩心分析的结果产生重要影响。理想情况下，谨慎保存的自然状态岩心是多相流实验的首选。在多相流实验中，储层岩石的润湿性变化最小。如果进行单相实验，例如在岩石的润湿性不起关键作用的孔隙度/渗透率测量中，则可使用清洗过的岩心。在清洗岩心的过程中，还需要进行向岩心中注入溶剂来清除所有的流体并吸附有机物质等额外工作。第三种类型是进行岩心状态恢复。首先将岩心清洗，然后用盐水浸透岩心，再向岩心注油。然后岩心在储层温度下放置4~6周，以恢复其天然润湿性[18]。

　　在处理多相系统时，应考虑作用在非混相流体界面上的力的影响。在油——盐水系统中，作用于油——盐水界面的力称为水——油界面张力 σ_{ow}（图 2.23），与接触角（θ）的关系为

$$\sigma_{ow} = \frac{\sigma_{so} - \sigma_{sw}}{\cos\theta} \tag{2.19}$$

式中　σ_{so}——固体与油之间的表面张力；

　　　　σ_{sw}——固体与水之间的表面张力；

　　　　θ——通过致密相测量的接触角。

　　在实验室里有许多方法用来测量润湿性。这些方法包括直接测量接触角或利用毛细管压力数据。最广泛使用的两种润湿性测量的技术是阿莫特—哈维（Amott-Harvey）指数法和美国矿务局（USBM）法。这些方法包括测量自发渗吸和强制渗吸毛细管压力曲线，这些将在下一节中详细讨论。图 2.25 展示了使用阿莫特—哈维法和美国矿务局法测量润湿性指数的结果。

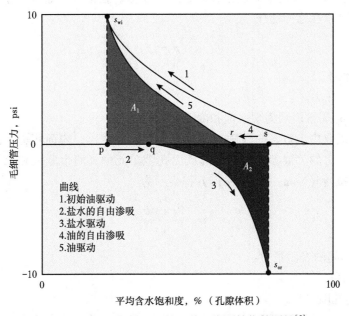

图 2.25　Amott—Harvey 和 USBM 润湿性指数测量[5]

　　阿莫特—哈维指数是由自发渗吸的流体体积与自发渗吸和强制渗吸驱替的流体体积之比来衡量的。阿莫特水润湿指数 I_w 计算为自发渗吸水的体积与总渗吸水的体积的比值，包

括自发渗吸和强制渗吸（如图 2.25 中 p—q 线表示体积，除以 p—s 线表示的体积）。阿莫特油润湿指数 I_o 计算为自发渗吸油的体积与总渗吸油的体积之比（图 2.25 中用 s—r 线表示的体积，除以用 s—p 线表示的体积）。然后通过用阿莫特水润湿指数 I_w 减去阿莫特油润湿指数 I_o 来计算阿莫特—哈维指数：

$$AI = I_w - I_o \tag{2.20}$$

式中　AI——阿莫特—哈维指数，大于零为水润湿，接近零（介于 -0.3~0.3）为中间润湿，小于零为油润湿。AI 的绝对值越大，润湿倾向越大。

采用美国矿务局法进行润湿性测试的原理与阿莫特法相似。然而，它依赖于毛细管压力曲线下的面积。美国矿务局法润湿性指数 W 计算为注油毛细管压力下面积（图 2.25 中的 A_1）与注水毛细管压力下面积（图 2.25 中的 A_2）之比的对数。

$$W = \lg\left(\frac{A_1}{A_2}\right) \tag{2.21}$$

式中　W——美国矿务局法润湿性指数，大于零为水润湿，等于零为中等润湿，小于零为油润湿。绝对值越大。润湿倾向性越大。

2.6.3　毛细管压力

石油储层毛细现象有两个重要的影响：毛细管力—重力平衡下的储层流体的初始分布以及油气进入储层孔隙空间，直至到达隔层的控制机理[19]。

毛细管压力 p_c 定义为两个非混相流体之间的压差。在油——盐水体系中，毛细管压力一般定义为油相和水相之间的压差。

$$p_c = p_o - p_w \tag{2.22}$$

式中　p_o——油相压力；

　　　p_w——水相压力。

注意：压差 p_c 通常表示为含水饱和度 S_w 的函数。

毛细管压力既取决于岩石的性质，也取决于流体的性质。表面张力、润湿性和孔径分布是确定毛细管压力的关键参数。在圆形截面孔隙单元中，两个非混相流体之间的毛细管压力用杨—拉普拉斯（Young-Laplace）方程表示为

$$p_c = \frac{2\sigma\cos\theta}{r} \tag{2.23}$$

式中　σ——流体间的表面张力；

　　　θ——接触角；

　　　r——平均孔隙半径。

值得指出的是，毛细管压力与系统的饱和历程密切相关。从油藏工程的角度来看，根据储层饱和度变化的历程，综合储层研究可能需要排驱和吸液毛细管压力曲线。从岩石物理学的角度来看，p_c 是一个重要的参数，它可用于评价油田水饱和度随储层厚度的变化规律。

2.6.3.1 毛细上升

如果我们考虑这样一种情况：将一个干净的、水润湿的、截面为圆形、直径较小的毛细管放置在一个装有油和水的大开口容器中。这样，毛细管中的水位就会高于大容器中水位的高度。高度的上升是由于毛细管力的作用。管道内的水位会上升，直到达到流体静力平衡（图2.26）。提供向上拉力的毛细管力与管中水柱的重量相平衡，即这两个量数值相等。可得如下关系式：

$$(\rho_w - \rho_o)\, gh = \frac{2\sigma\cos\theta}{r} \tag{2.24}$$

式中 ρ——流体密度，下标 w 和 o 分别代表水和油；

  g——重力加速度；

  h——水柱高度；

  σ——油水界面张力；

  θ——接触角；

  r——毛细管半径。

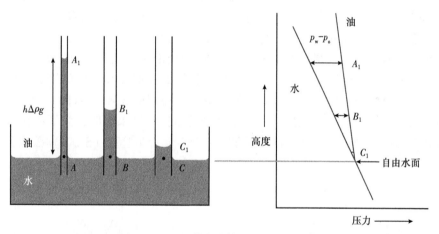

图 2.26 毛细管中流体静力平衡的图解

由式（2.24）和图2.26可以看出，水柱的平衡高度 h 是毛细管半径和润湿性的函数。当介质的润湿特性保持不变，毛细管半径减小时，则水柱高度随半径的减小而成比例增大。当毛细管半径保持不变，固体的润湿特性发生变化时，则水柱的高度随润湿性变化的方向而增减。例如，如果系统最初的亲水程度更低（接触角 θ 增加），那么水柱高度就会更短，因为毛细管力会变得更弱。

2.6.3.2 毛细管压力曲线的特点

如前所述，毛细管压力曲线不仅依赖于流体饱和度，还依赖于系统的饱和历程。图2.27显示了一个典型的用于排驱和吸液循环的油—盐水系统的毛细管压力曲线。值得注意的是，虽然理论上非润湿相取代润湿相称为排驱，而润湿相取代不润湿称为吸液过程。但工业惯例是不管系统润湿性如何，油置换水用驱替这一术语，而水置换油用吸液这一术语。油相必须超过一个最小启动压力才开始驱替，这个启动压力称为初始排驱毛细管压力（图

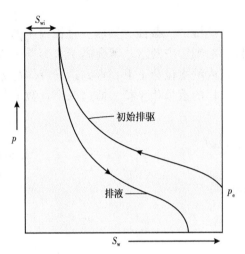

图 2.27　一个典型的毛细管压力曲线，
用于初始排驱和排液循环[5]

2.27 中的 p_e）。随着压力的油进一步增大，含水饱和度降低，达到饱和后的束缚水饱和度（或原始含水饱和度 S_{wc}）。它反映了油藏发现时的流体分布。因此，也称为初始含水饱和度 S_{wi}（图 2.27）。在初始排驱过程中，一旦水进入系统，通常遵循不同的路径，即吸液毛细管压力曲线。这种排驱和吸液毛细管压力曲线之间的差异称为迟滞效应，它对油藏工程应用具有重要影响。初始排驱过程代表初始储层条件下的油气聚集和富油饱和度分布，吸液代表注水后驱替性能。因此，利用合适的毛细管压力曲线进行储层应用是十分重要的。

毛细管压力曲线的形状取决于孔隙大小分布，因此与储层岩石的渗透率有关。这也决定了自由水面（FWL）以上过渡带的高度。低渗透岩具有高毛细管压力和长过渡带，而高渗透岩具有低毛细管压力和短过渡带。图 2.28 为绝对渗透率对毛细管压力曲线的影响。值得指出的是，世界上大多数碳酸盐岩储层（很大一部分位于中东）表现出混合润湿性和油润湿性。在这些储层中，初始排驱与排液毛细管压力曲线之间存在相当显著的滞后效应（图 2.29）。良好的润湿性和较低的岩石基质渗透率使得在这些油藏中过渡带的建模难度很大，但很重要。马萨梅（Masalmeh）和他的同事[20]对碳酸盐岩储层过渡带的改良特性描述进行了大量的研究。结果表明，为了成功地建立油藏静态模型和动态模型，认真进行岩石物理和特殊岩心分析实验室（SCAL）数据分析是至关

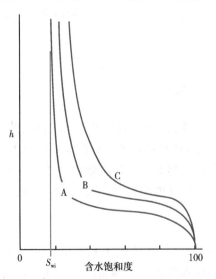

图 2.28　岩石渗透率对毛细管压力曲线的影响的说明
曲线 A、曲线 B 和曲线 C 为三种不同岩心试样的毛细管
压力曲线，曲线 C 为渗透性最低，曲线 A 为渗透性最高

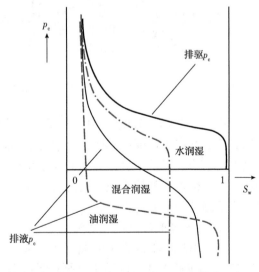

图 2.29　不同润湿性的毛细管压力迟滞现象
一旦系统变成亲油性的，几乎没有自发渗吸

重要的。该模型可用于准确地预测原始油层，并作出适当的储层性能预测。

2.6.3.3 毛细管压力的实验室测量

毛细管压力曲线是对岩心塞进行的最常见的特殊岩心分析测量。常用的测量方法有三种：压汞法、离心机法和多孔板法。

2.6.3.3.1 压汞法测量

在压汞技术中[21]，汞为非润湿流体，空气为润湿相。首先清洗和干燥岩心。然后通过增加注入压力将汞注入干净干燥的岩心试样中，在每个压力步骤中测量进入试样的汞的体积。压汞法是一种常用的毛细管压力测量技术，它成本低、速度快，且数据解释相对直观。但是，在将测量数据转换为储层原位条件时，应需要考虑到实验室使用的岩石/流体系统与储层中发现的岩石/流体系统之间的界面张力和接触角的差异（见2.6.3.4小节）。压汞法测量的主要缺点是只适用于排驱循环。另一种方法是利用毛细管压力曲线来获得具有代表性吸液周期的毛细管压力曲线。进行压汞实验应是试样的最后一次测量，因为该技术具有破坏性，试样不能用于进一步测量。图2.30显示了压汞装置的示意图。

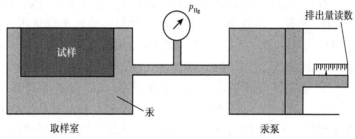

图 2.30 压汞装置示意图

2.6.3.3.2 离心机技术

另一种毛细管压力测量技术是变速离心机法[22]，即盐水（或油）的饱和试样置于离心机中，以一系列递增的恒定转速旋转。转速可转换成一个力学单位，用以决定毛细管压力。它是一种相对快速（相对于多孔板测量）和无损检测技术。对于相对高渗透的试样，可以在几天内获得一套完整的毛细管压力数据点，而对于低渗透的试样，则需要更长的时间。该技术的主要缺点是实验设计和数据解释不直观，推导毛细管压力数据一般需要离心实验的数值模拟。图2.31所示为离心过程。在排驱试验中采用饱和盐水岩心，而在吸液试验中

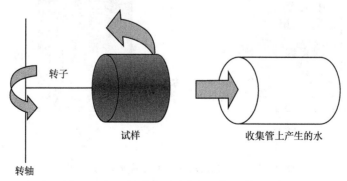

图 2.31 用离心机法测量毛细管压力的实例

采用饱和油岩心（用油和原生水使其饱和），如图 2.32 所示。

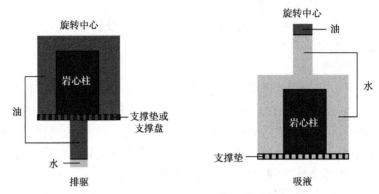

图 2.32　用盐水饱和进行排驱实验和用油饱和进行吸液实验的岩心（由岩心实验室提供）

2.6.3.3.3　多孔板法

多孔板法是另一种广泛应用的毛细管压力测量技术，也可用于电阻率指数的测量（详见 2.6.1 小节）。适用于排驱（油置换水）和吸液（水置换油）毛细管压力测量。

对于排驱毛细管压力的测量，一个干净的试样先由润湿流体（盐水或油）饱和。然后将试样置于半透膜中，半透膜只对润湿相渗透。然后增加气体（空气或氮气）压力，使气体通过多孔板排出润湿的流体侵入岩心。一旦达到平衡（即观察不到有更多的润湿液产生），饱和度的变化是由体积决定的。重复该过程直到下一个压力步骤，直到收集到足够的数据点。该技术的主要缺点是速度慢，因为在每个饱和点达到压力平衡需要很长时间，这使得该技术不适用于某些现场应用，特别是对致密和非均质碳酸盐岩。多孔板测量的优点是它既可以在环境条件下进行，也可以在围压和温度等典型储层条件下进行，还可以利用储层流体进行（图 2.33）。

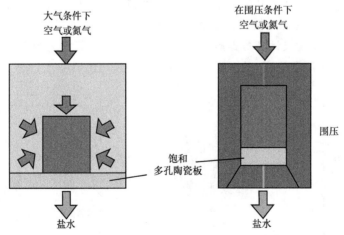

图 2.33　用多孔板法测量毛细管压力的原理图

实验可以在大气条件下进行，也可以在施加围压的条件下进行（由岩心实验室提供）。

2.6.3.4　实验室到储层的转换

在实验室测量中使用的流体可能不具有与储层流体相同的物理特性。因此，需要将实验得到的 p_c 值转换为等效储层条件下的 p_c 值。从实验室到现场的 p_c 转换方程为

$$p_{c,R} = \frac{\sigma_R \cos\theta_R}{\sigma_L \cos\theta_L} p_{c,L} \tag{2.25}$$

式中　下标 R 和 L——分别表示储层和实验室条件。

值得注意的是，这种转换只考虑了表面张力和接触角（润湿性）的变化。然而，由于一些不同的现象，可能会有进一步的变化。储层的应力效应和现场更大范围的孔隙尺寸分布可以作为需要额外实验测量的例子。此外，在油田范围内，尤其在油藏不是强润湿的情况下，润湿性（即接触角）可能发生变化，此时需要进一步的实验评估。

例如，假设汞/空气和水/空气系统都具有相似的润湿特性，则毛细管压力的比值仅是表面张力的函数，可以计算如下：

$$\frac{p_{cHg/air}}{p_{cwater/air}} = \frac{\sigma_{Hg/air}}{\sigma_{water/air}} = \frac{480\text{dyn/cm}❶}{70\text{dyn/cm}} = 6.57 \tag{2.26}$$

然而，经验表明，对于从实验室测量到储层油水系统的转换，根据流体和润湿条件，可以获得一系列转换因子［式（2.25）］。因此，实验室—现场转换［式（2.25）］虽然有用，但可能并不总是充分的，特别是对于水——油——岩石系统，可能需要使用代表性储层条件下的岩心测量或测井饱和度的进一步校正。

2.6.3.5　平均毛细管压力数据

实验室中的毛细管压力测量是在岩心柱上进行的，岩心柱仅代表储层的很小一部分。因此，人们尝试将毛细管压力数据拟合在一条主要曲线上，以构造特定储层的饱和度/高度函数。虽然文献中提出了几种不同的技术，但最常用的方法是莱弗里特·J（Leverett J）函数。为了将所有实验测得的毛细管压力数据转换为一条通用曲线，莱弗里特[23]提出了如下关系式：

$$J(S_w) = \frac{p_c}{\sigma}\sqrt{\frac{K}{\phi}} \tag{2.27}$$

式中　p_c——实验室测得的毛细管压力；

　　　σ——界面张力；

　　　K——渗透率；

　　　ϕ——孔隙度。

注意，后面分母添加了接触角项（$\cos\theta$），因此方程变成

$$J(S_w) = \frac{p_c}{\sigma\cos\theta}\sqrt{\frac{K}{\phi}} \tag{2.28}$$

---

❶　$1\text{dyn/cm} = 1\times10^{-3}\text{N/m}$

首次提出的 J 函数是一种将所有毛细管压力拟合成一条主要曲线的方法。但不同地层 J 函数与含水饱和度的相关性存在较大差异。因此，虽然不可能对所有的毛细管压力数据都得到一条统一的曲线，但是对地层中同一岩石类型的数据可以得到很好的拟合。一旦毛细管压力数据用一般曲线表示，就有可能将毛细管压力/饱和度曲线转换为高度（高于自由水位）/饱和度曲线。这种基于毛细管力—重力平衡原理的换算关系如下：

$$h = \frac{\sigma_R \cos\theta_R}{\sigma_L \cos\theta_L} \frac{p_{c,L}}{0.433\Delta\rho} \tag{2.29}$$

式中 h——自由水位的高度，ft；

σ——界面张力，dyn/cm；

θ——接触角，°；

$p_{c,L}$——实验室测量的毛细管压力，psi；

$\Delta\rho$——两种非混相流体的密度差别，即相对密度，无量纲；0.433 为重力常数，psi/ft。

2.6.4 相对渗透率

在 2.5.2 小节中，讨论了绝对渗透率的测量技术。把绝对渗透率定义为地层输送流体的能力。然而，如果系统中含有不止一种流体饱和，则需要扩展渗透率的概念，以便适当地考虑在孔隙空间中流动的每种流体的导流性。相对渗透率的概念是在流体的饱和度和导流性之间建立一种关系。因此，利用达西方程要能够计算液体流量，用有效渗透率代替绝对渗透率，可以表示为

$$K_{eff} = KK_r \tag{2.30}$$

式中 K——地层的绝对渗透率；

K_r——系统对特定流体的相对渗透率。

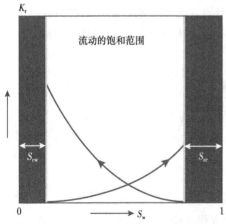

图 2.34 一个典型的水—油系统相对
渗透率与饱和度关系的图解
注：白色所示区域表示的是油相和水相均为
流动的饱和范围。
S_{cw} 为不动原生含水饱和度，S_{or} 为不动残余油饱和度

相对渗透率不同于纯储层岩石性质的绝对渗透率，它受以下因素控制：润湿性、孔隙几何形状、界面张力、流体饱和度和饱和历程。由于它是几个不同参数的函数，相对渗透率的测量不如绝对渗透率的测量那么直接。图 2.34 为水—油系统典型的油水相对渗透率曲线。

相对渗透率数据的准确估计对于几乎所有的油藏工程应用都是必不可少的。为了预测某一水驱的性能或设计提高采收率工程，需要将相对渗透率与相饱和度之间的本构关系输入到仿真模型中。由于受到许多物理参数的影响，在进行相对渗透率测量时，应尽一切努力尽可能地模拟储层条件。然而，在储层条件下进行试验往往是复杂而昂贵的。虽然在许多情况下可能无法进行储层条件测量，但是在这些测量过程中必须使用原始状态（或复原状态）岩心来模拟储层的润湿性。

2.6.4.1　实验室相对渗透率测量

相对渗透率是实验室能够测量的最重要的多相流参数之一。由于流量的计算和储层动态预测直接依赖于相对渗透率数据，因此必须使测量尽可能准确。常用的测量方法有三种：稳态法、非稳态法和离心机法。

2.6.4.1.1　稳态法

在稳态相对渗透率测量中，两种不混相流体以预定的流量比同时注入一个小的岩心柱。持续注入直到达到稳定状态（此时流出的流量比等于注入的流量比，压降趋于稳定）。一旦得到稳态条件，则认为岩心试样中存在的流体饱和是稳定的。因此，它们可以通过体积（或质量）物质平衡或使用 X 射线 CT 扫描仪来测量。一旦测量出饱和度，可以用达西方程计算在这些饱和点的两相相对渗透率。然后改变注入的流体的比例。如果进行排水相对渗透率测量，则增加非润湿相的起泡率，而如果测量吸液相对渗透率，则增加润湿相的流量。然后以新的百分比继续注入，直到达到新的稳态条件，然后测量新的相饱和度。并重复相同的步骤，对若干不同的分流比进行测量，直到得到完整的相对渗透率曲线。

稳态测量提供了大范围饱和值的实验数据。然而，由于黏滞不稳定性对速率的影响，在低饱和区测量的可靠性往往受到质疑。因此，实验数据对中饱和区尤为有用。虽然这是一种推荐的测量技术，但稳态测量常常需要很长时间才能完成。达到每个测量点的稳态是一个漫长的过程。根据样本的性质和测量的数据点的数量，实验通常需要长达两周的时间。图 2.35 为稳态测量实验装置示意图。

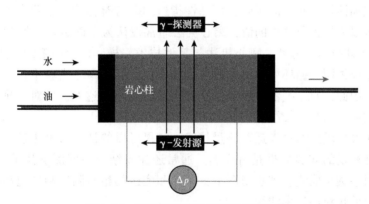

图 2.35　稳态相对渗透率测量实验装置

2.6.4.1.2　非稳态法

非稳态相对渗透率测量涉及一种流体在另一种流体通过一个相对均匀的岩心试样时的驱替作用。在实验过程中，监测驱替累计体积和驱替流体随时间的变化规律是非常有效的。然后假设通过岩心试样的压差是恒定的，即对每一相的影响相同，并忽略毛细管压力和毛细管末端效应（将在下一节详细讨论）。通过这样的分析技术来计算相的相对渗透率。基于流体流动前缘推进概念来计算相对渗透率的方法，是由韦尔杰（Welge）[24] 提出的。在此之后，标准解释技术，如丁 BN 方法[25]，可以用来确定个别相的相对渗透率。

虽然非稳态测量速度快，因而应用广泛，但对数据的解释并不直接。此外，用于计算相对渗透率的分析技术基于两个假设（样本同基因性和驱替稳定性）。因此，在许多情况下，非稳态测量的可靠性是存疑的。图 2.36 为非稳态测量实验装置示意图。

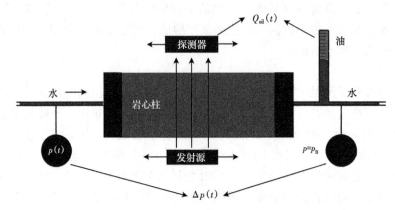

图 2.36　非稳态相对渗透率测量实验装置

2.6.4.1.3　离心机法

离心实验时，先将试样置于离心岩心夹持器内；然后侵入相驱替实验中的流体。驱替流体的累积体积是根据时间来监测的。采用分析技术[26]计算了相对渗透率曲线。然而，推荐的方法是利用计算机仿真方法对生产数据进行历史拟合，得到了相对渗透率[2]。

与其他方法相比，离心机法有一些优点。首先，它大大快于稳态技术。驱替是重力稳定的，因此不受黏性指进问题的影响，而黏性指进问题有时会干扰不稳定状态的要求。由于相对渗透率可以测量到非常小的值，离心机法通常被认为是确定端点饱和度（如残余油饱和度 S_{or}）的最佳技术。另外，离心机法与其他技术一样，也存在毛细管末端效应问题。此外，该方法不提供同一循环中两相的相对渗透率曲线。在离心实验中，只测量了侵入相的相对渗透率。因此，对于吸液过程，计算非润湿相相对渗透率；而对于排驱过程，计算润湿相相对渗透率。图 2.32 说明了离心过程。

这些是应用最广泛的相对渗透率测量技术。如果可以的话，通过比较其他测量技术得到的结果来验证测量的实验数据是有用的。通常还建议结合不同测量技术计算的数据集，建立完整的相对渗透率曲线。理想情况下，中饱和度区的稳态测量和低饱和度区的可以结合起来得到完整的相对渗透率曲线。

相对渗透率测量的最新进展之一是使用岩心——注水模拟器，以便与测量的生产数据进行历史拟合。如前所述，用于解释测量数据的分析技术是基于一些假设，这些假设可能是有效的，也可能是无效的，例如忽略毛细管压力和端部效应。然而，岩心注水模拟并没有受到这些缺陷的影响。数值模型能够同时考虑毛细管压力和重力的影响，因此能够很好地描述实际的流动过程和边界条件。

2.6.4.2　外推实测的相对渗透率数据

通常情况下，测量的相对渗透率数据点不足以用于油藏模拟研究，例如，非稳态测量只能在侵入相穿透后才提供数据。然而，即使注入的流体没有达到生产井，油藏中也会同时发生多相流动。因此，通常有必要将实验室测量的相对渗透率数据推广到更大范围的饱和区。

科里（Corey）[27]提出了一种端点相对渗透率与相饱和度相关的模型。对于水——油体系，只有原生含水饱和度 S_{wc}、残余含油饱和度 S_{or}、终点油水相对渗透率和称之为科里指数的常数是建立完整的油水相对渗透率曲线所必需的参数。科里模型在油藏工程应用中得到了广泛的应用，并表示如下。

$$K_{rw} = K_{rw}(S_{or})\ \left(\frac{S_w - S_{wc}}{1 - S_{wc} - S_{or}}\right)^{N_w} \tag{2.31}$$

$$K_{ro} = K_{ro}(S_{wc})\ \left(\frac{1 - S_w - S_{or}}{1 - S_{wc} - S_{or}}\right)^{N_o} \tag{2.32}$$

式中　N_w，N_o——分别为水和油的科里指数，与岩石的渗透率、孔隙结构和体系的润湿性有关；

$K_{rw}(S_{or})$——系统在水和剩余油饱和状态下的终端相对渗透率；

$K_{ro}(S_{wc})$——石油的终端相对渗透率，它是在系统处于油和原生水饱和状态时测量的。

2.6.4.3　影响相对渗透率测量的因素

相对渗透率受许多物理参数的影响，如润湿性、孔隙几何形状和饱和历程。因此，在相对渗透率测量的计划和执行时应该格外小心。在与储层润湿性相同的润湿条件下进行实验效果最好。图2.37说明润湿性对相对渗透率的影响。与水湿系统相比，油湿（或混合湿）岩石通常具有较高的持水率和较低的剩余油饱和度。因此，即使在相同的储层条件下进行了测试，正确的流体组合对具有代表性的岩石润湿性至关重要。

另一个重要的考虑因素是饱和历程。系统的润湿性取决于驱替周期。一般认为，表征润湿特征的接触角在排驱和排液过程是不同的。"前进接触角"用于表示吸液过程的接触角，"后退接触角"用于排驱循环。前进接触角往往大于后退接触角。前进和后退接触角之间的差异称为接触角迟滞，其大小取决于表面粗糙度和表面污染[28,29]。因此，进行饱和历程的近似模拟，对于相对渗透率实验是十分必要的。

即使在相同的储层条件下，在正确的流体组合下进行测试，由于测量技术的特性，仍然可能存在缺陷。岩心驱替实验中一个重要的问题是由于岩心外流面的润湿相饱和度不连续而引起的毛细管末端效应。在渗透介质中，毛细管力在各个方向上均有作用。然而，在岩心试样的出口处并非如此。当流动相在大气压下被排放到一个开阔的区域时，试样中存在一个净毛细管力，这使得润湿相不能离开试样。因此，润湿相的积累发生在岩心外流面，沿试样方向形成了饱和度梯度，干扰了相对渗透率测量[30]。图2.38为岩心驱替实验中得到的典型饱和剖面，其中润湿阶段用非阴影区域表示。

毛细管末端效应通常出现在非润湿相取代润湿相的情况下，如油将水驱入水湿岩石中。油置换水的实验尤其重要，因为它们确定了端点原油相对渗透率（K_{ro}），即原生含水饱和度（S_{wc}），这是注水过程的起点[31]。

有几种技术被广泛地用于降低由于毛细管力引起的末端影响。一种方法是在试样中加入小的末端块，以建立毛细管的连续性，这可能会减少出口润湿相积累。另一种降低毛细管末端效应的技术是在高流量下进行实验。由于毛细管力的影响随着流量的增加而减小，因此在岩心外流面保留的润湿相量将显著降低。还有一种方法是使用长岩心柱。当然，在

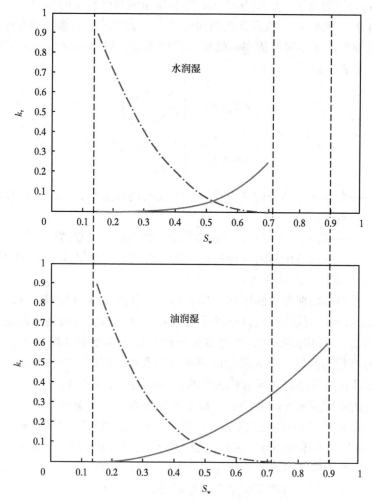

图 2.37   润湿性对相对渗透率的影响

注：亲油岩心表现出较高的持水率和较低的剩余油饱和度

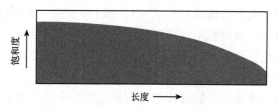

图 2.38   毛细管末端效应的示意图

注：非润湿相饱和度为灰色，润湿相不为灰色。注意流出面（右侧）的润湿相积聚

选择岩心柱时要小心。因为一旦尺寸增大，试样可能会变得更不均匀。岩心注水实验中，如果进行原位饱和度测量，一个常见的减少末端效应的方法是通过忽略在试样入流和出流面这一小部分的岩心柱，测量饱和度和经由测压孔、沿试样长度方向的压力降。如果所有

必要的数据（包括现场流体饱和度分布）都可以得到，那么驱替实验的数值模拟可以用于历史拟合实验，并导出有代表性的相对渗透率和毛细管压力数据。

2.6.4.4　三相相对渗透率

随着世界生产领域的日益成熟，提高这些资源的采收率以促进额外的产量变得越来越重要。许多提高采收率的工程同时涉及三个相：水、油和天然气。特别是，向开发成熟的油田注入二氧化碳很可能变得更加普遍，不仅是为了提高采收率，而且是为了储存二氧化碳。为了设计这样一个项目并做出性能预测，需要将这三相的相对渗透率输入到仿真模型中。

然而，三相相对渗透率的实验测量是冗长和费时的。除了测量饱和度、压降和三相的流量外，还有无数种不同的驱替路径。因此，对储层中可能发生的所有三相驱替方案进行相对渗透率的测量是不切实际的。因此，在油藏模拟研究中普遍采用的是基于两相相对渗透率数据的经验关联法来估计三相相对渗透率。使用最广泛的经验相关性预测是两个三相相对渗透率模型，由斯通（Stone）分别于 1970 年和 1973 年提出，称之为斯通第一模型[32]和斯通第二模型[33]，以及 1988 年[34]提出的所谓饱和度加权插值模型。虽然已经提出了许多其他方法，但这三种方法是最流行的，并且在大多数商用油藏模拟器中都得到了应用。

经验模型通常采用实测的两相相对渗透率来估计三相相对渗透率。例如，石油相对渗透率 K_{ro} 是由两种不同的石油相对渗透率 $K_{ro(w)}$ 和油气相对渗透率 $K_{ro(g)}$ 的函数来估计的。然而，三相流动中孔隙的占有率和驱替级数可能存在较大差异，因此两相实验可能无法准确表征[35]。因此，尽管经验方程在许多油藏工程中得到了广泛的应用，但其准确性和可靠性仍存在问题，特别是对于非均质润湿性体系。此外，最近的研究表明，目前使用的经验模型可能无法准确预测三相相对渗透率[36,37]。

研究表明，气相相对渗透率在水——气交替（WAG）注入等循环注入过程中可能存在明显的迟滞现象[37]。因此，不仅要准确预测三相相对渗透率，而且要准确预测它们对饱和历程的依赖关系。最近进行的一项关于气基提高采收率（EOR）过程性能评估的研究表明，除非将相对渗透率滞后因素考虑在内，否则无法准确模拟循环注入过程。

2.7　岩心分析的最新进展

虽然大多数基础岩心分析实验室（RCAL）和特殊岩心分析实验室（SCAL）测量技术在原理上是不变的，但是在仪器方面已经有了显著的改进。成像技术的改进和计算能力的提高为实验室测量提供了各种各样的帮助。核磁共振（NMR）和微 CT 扫描技术就是其中的两种，它们在评价不同的岩石物理参数方面越来越受欢迎。孔喉尺度建模是另一种技术，可以作为岩心分析实验室测量的补充工具。

2.7.1　核磁共振

核磁共振于 1945 年首次应用，至今用于岩石物理数据分析已超过 50 年。核磁共振技术不仅应用于核磁共振成像测井（MRIL）的测井应用，而且应用于核磁共振光谱仪的岩心分析。

核磁共振波谱仪利用磁场中质子的射频（RF）共振来确定纵向（自旋—晶格）弛豫时间 T_1 和横向（自旋——自旋）弛豫时间 T_2。T_1 和 T_2 的测量需要不同的脉冲序列。通常的

做法是使用 T_2，因为在大多数情况下 T_2 小于 T_1，因此可以更快地确定。核磁共振弛豫是由于存在于孔隙空间的流体引起的氢弛豫。氢质子的弛豫受其局部环境的孔隙结构控制。由于岩心试样的孔隙空间由数十亿个不同形状和大小的"孔隙"组成，因此测量的 T_2 值范围很广，并将其绘制成孔隙大小分布的直方图。

从历史上看，T_2 测量值被用作衡量孔隙大小分布、孔隙度和流体饱和度的良好指标。虽然这仍是核磁共振应用程序的主要目标，但是在润湿性指数定量估计上已经有大量的发展[39]。并通过其孔隙大小相关性，特别是系统相当均匀的粒度分布，可以建立孔隙大小和渗透率之间的精确关系[40]，来进行渗透率的预测。

2.7.2 孔喉尺度网络建模

孔喉尺度网络模型是一种数值模拟工具，用于模拟岩石在几微米分辨率下的驱替机制，用孔隙体和孔喉网络定义岩石的孔隙空间。利用网络模型对流动行为进行建模是法特(Fatt)[41]于1956年率先提出的，此后许多学者发展了孔喉尺度网络模型来模拟多孔介质中单相和多相流动。然而，只有在20世纪90年代末计算机处理能力大幅提高后，网络建模领域才有可能出现进一步的发展。

与网络模型相关的两个主要挑战是准确描述岩石的孔隙空间，以及正确定义系统的润湿性及其变化。在过去20年中，为解决这些问题做出了重大努力。奥伦(Oren)和他的同事[42]介绍了所谓的基于过程的网络生成算法，该算法通过模拟沉积、压实和成岩等地质过程，利用薄片图像构建三维网络模型。有人认为，虽然该技术在某些砂岩中是成功的，但由于与成岩作用引起的复杂孔隙结构建模的复杂性，在碳酸盐岩中可能并非如此。他们还尝试解决与润湿性表征有关的问题。瓦尔维特尼(Valvatne)和布伦特(Blunt)[43]为孔隙和喉道分配了一系列的接触角，并通过改变排液和循环渗吸的接触角来解释滞后效应，从而正确表征岩石的润湿性。

随着高分辨率微CT扫描技术在石油工业中的应用越来越容易，在孔隙空间成像和表征方面已经迈出了实质性的步伐[44]。随着计算能力的提高，避免了生成孔喉单元网络的瓶颈，也有可能对直接三维图像进行仿真[45]。然而，如何正确定义润湿性及其在时间和空间上的变化仍然是一个重要的挑战，这限制了孔喉尺度模型工具的预测能力。

总的来说，孔喉尺度模型结合了对孔隙空间的精确描述和对孔喉尺度位移物理的详细分析，是理解多孔介质中多相流的一个很好的工具。从实用角度看，它可以作为岩心分析实验室测量的补充工具，也有潜力对难以进行实验研究的情况进行预测，如三相流实验[37,46,47]。

2.7.3 非常规储层的岩心分析

随着页岩和其他致密岩石产量的增加，将岩心分析方法应用于这些岩石类型，以更好地了解岩石的性质和流动特性，已成为研究的热点。遗憾的是，在大多数情况下，用现有的常规岩心分析方法是不可能对页岩进行研究的。这是因为页岩具有低孔隙度（通常小于10%）和低渗透性（在纳米达西范围内；比渗透率为毫达西量级的岩石小 10^6 倍），它们通过常规储层岩石中不常见的物理过程（如吸附）储存流体。

因此，致密岩石要应用新的分析方法。例如，绝对渗透率不再能够用传统的方法测量，在这种方法中，液体通过试样的稳态流动和压差测量已经实现。页岩太致密，不能在实验室中等待达到稳态条件。相反，要应用瞬态方法。例如，在试样的一端施加压力脉冲，记录另一端测量脉冲的延迟。汉德沃格（Handwerger）和他的同事[49]综述了一些用于页岩储层油层分析的技术。

致谢

感谢壳牌管理部门允许出版这本书，并感谢壳牌学习中心提供了这本书中使用的许多图形和插图。还要感谢壳牌国际勘探与生产公司的冯斯·马塞利斯（Fons Marcelis）和阿布扎比壳牌公司的谢哈德赫·马萨尔梅赫（Shehadeh Masalmeh）提供的技术审查。

参 考 文 献

[1] Archie, G. E. (1950). Introduction to Petrophysics of Reservoir Rocks, *AAPG Bulletin*, 34 (5), 943−961.

[2] Boyle, K., Jing, X. D. and Worthington, P. F. (2000). Petrophysics —Modern Petroleum Technology, in R. A. Dawe (Ed.), *The Institute of Petroleum Publication*, John Wiley & Sons Ltd., West Sussex, England.

[3] Worthington, P. F. and Longeron, D. (1991). *Advances in Core Evaluation II: Reservoir Appraisal*, Gordon and Breach Science Publishers, Philadelphia, PA, USA.

[4] Amyx, J. W., Bass, D. and Whiting, R. L. (1960). *Petroleum Reservoir Engineering: Physical Properties*, McGraw-Hill Inc., New York City, NY, USA.

[5] Yuan, H. H. and Schipper, B. A. (1996). Core Analysis Manual, *Shell E&P Report*.

[6] Skopec, R. A. and McLeod, G. (1996). Recent Advances in Coring Technology: New Techniques to Enhance Reservoir Evaluation and Improve Coring Economics, *Journal of Canadian Petroleum Technology*, 36 (11), 22−29.

[7] Park, A. (1983). Improved Oil Saturation Data Using Sponge Core Barrel, *SPE Production Operation Symposium*, 27 February−1 March, Oklahoma City, OK, USA.

[8] Skopec, R. A. (1994). Proper Coring and Wellsite Core Handling Procedures: The First Step Toward Reliable Core Analysis, *Journal of Petroleum Technology*, 46 (4), 280.

[9] Okkerman, J. A. and van Geuns, L. J. (1993). Core Handling Manual, *Shell E&P Report*.

[10] Klinkenberg, L. J. (1941). The Permeability of Porous Media Liquids and Gases, in *API Drilling and Production Practice*, American Petroleum Institute, Washington, DC, pp. 200−213.

[11] Unalmiser, S. and Funk, J. J. (1998). Engineering Core Analysis, *Journal of Petroleum Technology*, 50 (4), 106−114.

[12] Forchheimer, P. (1901). Wasserbewegung durch Boden, *Ver Deutsch Ing.*, 45, 1782−1788.

[13] Jing, X. D., Archer, J. S. and Daltaban, T. S. (1992). Laboratory Study of the Electrical and Hydraulic Properties of Rock Under Simulated Reservoir Conditions, *Marine and Petroleum Geology*, 9 (2), 115−127.

[14] Archie, G. E. (1942). The Electrical Resistivity Log as an Aid in Determining Some Reservoir Characteristics, *Petroleum Transactions of AIME*, 146, 54−62.

[15] Waxman, M. H. and Smits, L. J. M. (1968). Electrical Conductivities in Oil Bearing Shaly Sands, *Society of Petroleum of Engineers Journal*, 8, 213−225.

[16] Juhasz, I. (1981). Normalised Qv — the Key to Shaly Sand Evaluation Using Waxman−Smits Equation in the Absence of Core Data, *SPWLA 22nd Annual Logging Symposium*, 23−26 June, Mexico City, Mexico.

[17] Craig, F. F. (1971). *The Reservoir Engineering Aspects of Waterflooding*, Monograph Series, SPE, Richardson, Texas, USA.

[18] Anderson W. G. (1986). Wettability Literature Survey — Part 1: Rock/Oil/Brine Interactions and the Effects of Core Handling on Wettability, *Journal of Petroleum Technology*, 38 (10), 1125-1143.

[19] Anderson, G. (1975). *Coring and Core Analysis Handbook*, Petroleum Publishing Co. Tulsa, Oklahoma.

[20] Masalmeh, S. K., Abu Shiekah, I. and Jing, X. D. (2007). Improved Characterization and Modeling of Capillary Transition Zones in Carbonate Reservoirs, *SPE Reservoir Evaluation and Engineering*, 10 (2), 191-204.

[21] Purcell, W. R. (1949). Capillary Pressure — Their Measurements Using Mercury and the Calculation of Permeability Therefrom, *Petroleum Transactions of AIME*, 186, 39-48.

[22] Slobod, R. L., Chambers, A. and Prehn Jr., W. L. (1951). Use of Centrifuge for Determining Connate Water, Residual Oil, and Capillary Pressure Curves of Small Core Samples, *Petroleum Transactions of AIME*, 192, 127-134.

[23] Leverett, M. C. (1941). Capillary Behavior in Porous Solid, *Petroleum Transactions of AIME*, 142, 151-169.

[24] Welge, H. J. (1952). A Simplified Method for Computing Oil Recovery by Gas or Water Drive, *Petroleum Transactions of AIME*, 195, 91-98.

[25] Johnson, E. F., Bossler, D. P. and Naumann, V. O. (1959). Calculation of Relative Permeability from Displacement Experiments, *Petroleum Transactions of AIME*, 216, 370-374.

[26] Hagoort, J. (1980). Oil Recovery by Gravity Drainage, *Society of Petroleum of Engineers Journal*, 20, 139-150.

[27] Corey, A. (1954). The Interrelation Between Gas and Oil Relative Permeabilities, *Producers Monthly*, 19 (1), 38-41.

[28] Morrow, N. R. (1975). Effects of Surface Roughness on Contact Angle with Special Reference to Petroleum Recovery, *Journal of Canadian Petroleum Technology*, 14, 42-53.

[29] Dullien, F. A. L. (1992). *Porous Media: Fluid Transport and Pore Structure*, 2nd edition, Academic Press, San Diego, CA, USA.

[30] Honarpour, M., Koederitz, L. and Harvey, A. H. (1986). *Relative Permeability of Petroleum Reservoirs*, CRC Press Inc., Boca Raton, FL, USA.

[31] Huang, D. D. and Honarpour, M. (1998). Capillary End Effects in Coreflood Calculations, *Journal of Petroleum Science and Engineering*, 19, 103-117.

[32] Stone, H. L. (1970). Probability Model for Estimating Three-Phase Relative Permeability, *Journal of Petroleum Technology*, 22 (2), 241-218.

[33] Stone, H. L. (1973). Estimation of Three-Phase and Residual Oil Data, *Journal of Canadian Petroleum Technology*, 12 (4), 53-61.

[34] Baker, L. E. (1988). Three-Phase Relative Permeability Correlations, *SPE/DOE EOR Symposium*, 17-20 April, Tulsa, OK, USA.

[35] Blunt, M. J. (2000). An Empirical Model for Three-Phase Relative Permeability, *Society of Petroleum Engineers Journal*, 5 (4), 435-445.

[36] Spiteri, E. J. and Juanes, R. (2004). Impact of Relative Permeability Hysteresis on Numerical Simulation of WAG Injection, *SPE Annual Technical Conference and Exhibition*, 26-29 September, Houston, TX, USA.

[37] Suicmez, V. S., Piri, M. and Blunt, M. J. (2007). Pore Scale Simulation of Water Alternate Gas Injection, *Transport in Porous Media*, 66 (3), 259-286.

[38] Masalmeh, S. K. and Wei, L. (2010). Impact of Relative Permeability Hysteresis, IFT dependent and Three

Phase Models on the Performance of Gas Based EOR Processes, *SPE Abu Dhabi International Petroleum Exhibition & Conference*, 1-4 November, Abu Dhabi, UAE.

[39] Looyestijn, W. J. and Hofman, J. P. (2006). Wettability – Index Determination by Nuclear Magnetic Resonance, *SPE Reservoir Evaluation and Engineering*, 9 (2), 146-153.

[40] Fleury, M., Deflandre, F. and Godefroy, S. (2001). Validity of Permeability Prediction from NMR Measurements, *C. R. Acad. Sci. Paris, Chimie/Chemistry*, 4, 869-872.

[41] Fatt, I. (1956). The Network Model of Porous Media I. Capillary Pressure Characteristics, *Transactions of American Institute of Mining, Metallurgical, and Petroleum Engineers*, 207, 144-159.

[42] Øren, P. E., Bakke, S. and Arntzen, O. J. (1998). Extending Predictive Capabilities to Network Models, *Society of Petroleum Engineers Journal*, 3 (4), 324-326.

[43] Valvatne, P. H. and Blunt, M. (2004). Predictive Pore-scale Modeling of Two-phase Flow in Mixed Wet Media, *Water Resources Research*, 40, 1-21.

[44] Arns, J. Y., Sheppard, A. P., Arns, C. H., Knackstedt, M. A., Yelkhovsky, A. and Pinczewski, W. V. (2007). Pore Level Validation of Representative Pore Networks Obtained from Micro – CT Images, *21st International Symposium of the Society of Core Analysts*, 10-14 September, Calgary, AB, Canada.

[45] Ovaysi, S. and Piri, M. (2010). Direct Pore-level Modeling of Incompressible Fluid Flow in Porous Media, *Journal of Computational Physics*, 229 (19), 7456-7476.

[46] Piri, M. and Blunt, M. J. (2005). Three-Dimensional Mixed-Wet Random Pore-Scale Network Model of Two- and Three-Phase Flow in Porous Media. I. Model Description, *Physical Review*, 71 (2), 026301.

[47] Piri, M. and Blunt, M. J. (2005). Three-Dimensional Mixed-Wet Random Pore-Scale Network Model of Two- and Three-Phase Flow in Porous Media. II. Results, *Physical Review*, 71 (2), 026302.

[48] Wang, J. and Knabe, R. J. (2010). Permeability Characterization on Tight Gas Samples Using Pore Pressure Oscillation Method, *24th International Symposium of the Society of Core Analysts*, 4-7 October, Halifax, Nova Scotia, Canada.

[49] Handwerger, D. A., Suarez-Rivera, R., Vaughn, K. I. and Keller, J. F. (2012). Methods Improve Shale Core Analysis, *The American Oil & Gas Reporter*, December.

3 生产测井

奥利维尔·阿兰（Olivier Allain）

法国卡帕公司（KAPPA，France）

3.1 引言

本章摘自卡帕公司的动态数据分析（DDA）一书。本文叙述的解释工作流程和选项反映了在卡帕公司生产测井模块埃莫罗德（Emeraude）中实现的工作流程，并代表了现代解释软件应该提供的功能。

生产测井始于 20 世纪 30 年代进行的温度测量。第一个基于转子的流量计出现在 20 世纪 40 年代。在 20 世纪 50 年代，又补充了流体密度和电容的测量工具。连同一些压力—体积—温度（PVT）相关关系和流动模型，这些都是推广今天称之为"经典"多相解释所必需的要素。

第一个探测工具是在 20 世纪 80 年代推出的。虽然在井眼横截面上的离散点获得了局部测量值，但最初的目标是将局部测量值降低到正常的管道平均值。在 20 世纪 90 年代末，这些探测工具被集成到一个复杂的工具中，开始测量管道横截面上的速度和含气量分布，以解决在复杂井、水平井和近水平井中理解流动带来的挑战。

生产测井解释长期以来被行业所忽视。它不是石油工程部门标准序列的一部分。据悉，只有英国帝国理工学院（Imperial College）有专门的生产测井（PL）教育模块。除了个别单位，大多数石油公司过去认为生产测井是一个测量井下产量的简单过程。油气服务公司开发并使用专门的解释软件处理现场或计算中心的数据。这种情况在 20 世纪 90 年代中期发生了变化，当时商业生产测井软件在行业内变得更容易推广，石油公司开始意识到生产测井解释实际上是一个解释过程，而不仅仅是数据处理。

生产测井是一种测井作业，旨在描述井内或井周流体在生产或注入过程中的性质和行为。了解在一定的时间，相相之间，区域与区域之间，有多少流体流入或流出地层。为此，油气服务公司工程师应用了一系列专用工具（图 3.1）。

图 3.1 一个工具串的例子

生产测井可以用于不同的目的：监测和控制储层，分析动态井的性能，评估单个区域的生产能力或注入能力，诊断井的问题，并监测井作业的结果（增产、完井等）。在一些公司，生产测井（PL）的定义扩展到我们所说的套管井测井，包括其他测井，如水泥胶结测井（CBL）、脉冲中子捕获测井（PNL）、碳氧比测井（C/O）、腐蚀测井、放射性示踪测井和噪声测井。在本章中，我们将关注生产测井本身，并说明解释经典和复合探测生产测井的主要方法。

3.2　生产测井的用途

生产测井可用于井的一次采油、二次采油、三次采油以及使用注水井的油井寿命的所有阶段。

建议在油井生命周期的早期进行生产测井，建立一个基准，以便后续出现问题时能够继续应用。当生产测井被认定为是必要的油藏工程工具（例如，在极端分层的地层中）时，通常就会这样做，否则很难被管理层所接受。

通常，生产测井是在出现"某些错误"后启用。

在一个成功的解释结束时，生产测井工程师将对逐相的分区生产有一个很好地理解。当使用阵列式持率仪（MPT）时，这将通过描述流动分布的图像轨迹进行补充（图3.2）。

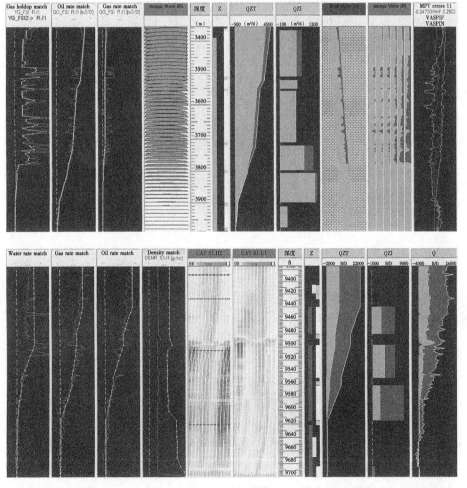

图 3.2　阵列式持率仪（MPT）解释（顶部为流量测井仪 FSI，底部为多相阵列生产测井仪 MAPS）

生产测井允许对一定数量的操作问题进行限定和（或）量化，如地层窜流、固井效果差形成非预期的水泥窜槽、天然气和水的锥进、套管泄漏、腐蚀、非流动射孔等（图 3.3）。

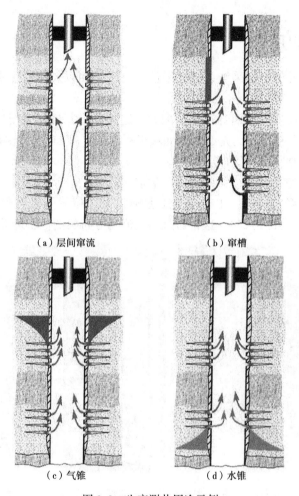

（a）层间窜流　　　　　　　　（b）窜槽

（c）气锥　　　　　　　　（d）水锥

图 3.3　生产测井用途示例

生产测井还可以通过高渗透层识别裂缝产量和早期生产井见气或见水（图 3.4）。在关井期间，水或油的运动也能被识别出来（图 3.5）。

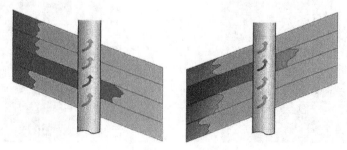

图 3.4　早期生产井见气或见水

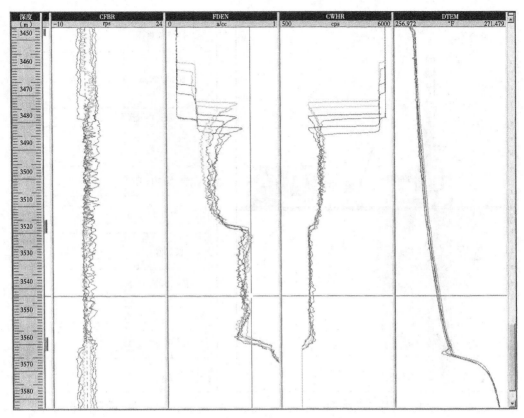

图 3.5 关井时水柱的上升

3.3 典型生产测井工具

典型生产测井作业的示意图如图 3.6（a）所示。在稳定的流动期间（生产、注入或关井），生产测井工具串挂在由测井设备控制的电缆上，以不同的速度在产层中上下移动。也有静止瞬态测量，工具固定在不同的深度被称为"测点"的地方。通过这些操作，生产测井解释工程师将校正工具，然后计算流动剖面。

生产测井工具串可以使用单导体电缆或光滑线在地面实现结果输出。地面结果输出允许在地面实时对数据进行质量控制。然后可以根据结果调整测井程序。选用钢丝更便宜，更容易操作；但是，由于数据存储在工具内存中，所以这是一个盲目的过程。在工具串出井之前没有办法检查数据。功率需求也限制了可在钢丝上运行工具的范围。

一个典型的、常见的工具串如图 3.6（b）所示。传感器不位于工具串的同一测点。由于测量是相对于深度进行的，它们在给定深度下并不同步。当流动条件不稳定时，这可能会成为一个严重的问题。在某些情况下，可能需要停止运行工具并即时检查，以便区分工具干扰和实际效果。相反，当进行定点测量时，工具不在相同深度记录。时间与深度的关系是推荐使用紧凑工具的原因，以使由于这种限制而产生的错误最小化。

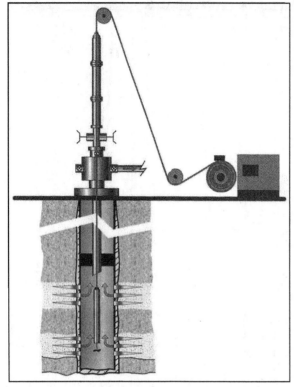

（a）生产测井作业示意图

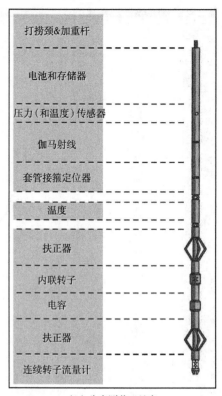

打捞颈&加重杆

电池和存储器

压力（和温度）传感器

伽马射线

套管接箍定位器

温度

扶正器

内联转子

电容

扶正器

连续转子流量计

（b）生产测井工具串

图 3.6　典型生产测井作业

3.3.1　流量计（转子流量计）

　　这些是与生产测井自然相关的工具。尽管许多人尝试使用其他技术，但基于转子的工具仍然是评估流体速度的主要方法。即使是最新的阵列式持率仪（MPT）也使用了放置在井筒横截面上的微型转子（MS）。

　　根据不同的用途，转子有不同的类型、材料和形状。它们转动时摩擦越小越好，而且内置磁铁，可以激活霍尔效应开关，每转一圈就会产生几次脉冲。如果磁铁有些不对称，它们将为工具提供一种检测旋转方向的方法。

　　转子包装于几种类型的工具。有三种主要的流量计类型：内联式、全口径式和花篮式（图 3.7）。这里没有叙述其他类型。

　　内联式流量计直径较小，可用于限制直径（油管、扩大井等）的完井测井。它们具有较低的敏感性，必须选择它们来测井高产/高流速井。由于转子的尺寸较小，要求工具有良好的集成。

　　全口径式流量计有更大的叶片，可以应用在更大的流动横截面上。叶片可能由于油管通过和其他限制而发生折叠。当横截面部分足够大时，它们就会膨胀并开始转弯。全口径式流量计具有良好的灵敏度，可以在很大范围内的流量和速度下运行。有时流量计可能因为喷嘴而出现问题，当来自上方的水流过大时，叶片可能会折叠。许多工具通过一个 X-Y

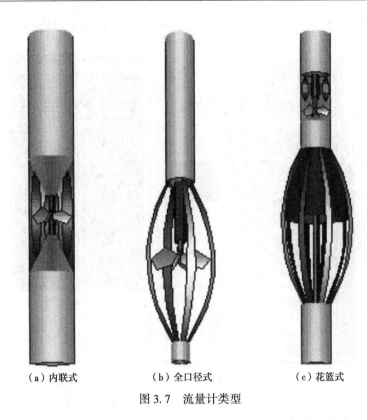

| （a）内联式 | （b）全口径式 | （c）花篮式 |

图 3.7　流量计类型

井径仪与全井眼转子相结合，用以保护叶片，并扩大/折叠工具。这样的设置，将两个工具组合在一起，创建了一个更紧凑的工具串。

花篮式流量计将流动集中在一个相对较小的转子上。它们在低流量下非常有效；然而，它们不够坚固，不能承受测井通过，实际上是为定点测量而设计的，而且工具形状常常影响流动状态。

重要的是要认识到，以转子为基础的流量计不能测量流量；它们甚至不能计算流体速度。基于转子的流量计输出的是表示转子旋转的每秒转数（RPS）[对于某些工具来说是每秒计数（次/s）]。将每秒转数转换为表观速度，然后得到平均速度，之后得到最终流量，这是生产测井解释的本质，并且需要额外的测量和假设。本章稍后将对此进行叙述。

3.3.2　密度工具

在单相环境下，转子的测量值可以得到转速。然而，当很多相同时流动时，问题就没有得到很好的定义。为了区分可能的解决方案，需要获得额外的测量值。

为了进行图示，我们将至少需要一个工具来获得两相的解释，并且至少需要第三个工具来获得三相的解释。如果没有最低数量的工具，就需要更多的假设。如果工具数量多于必需，那么就不能同时精确匹配所有的测量值，这是由于计算的性质决定的（后文将详细介绍）。

转子流量计的第一个自然补充是密度工具。在两相环境中，如果我们对 PVT 有很好地了解，测量流体密度可以区分为轻相和重相。流体密度主要有 4 种主要工具可以给出：压差密度计、核密度工具、音叉密度工具（TFD）和变异后的压力表（图3.8）。

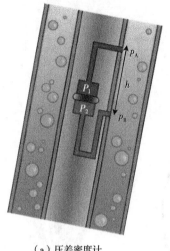
（a）压差密度计

（b）压力变异

图 3.8　测量流体密度工具原理图

3.3.2.1　压差密度计

压差密度计用来测量传感芯片两侧的压力差。为了得到有效压力（$p_B - p_A$），必须对硅油内柱静水压力的直接计算结果（$p_2 - p_1$）进行修正。然后，必须根据偏差和摩擦效应对压力进行修正，才能得到修正后的密度。

$$\rho_{\text{fluid}} = \frac{(p_2 - p_1) - \Delta p_{\text{fric}} - \Delta p_{\text{acc}}}{gh\cos(\theta)} + \rho_{\text{so}} \tag{3.1}$$

通常忽略加速度项。对于给定的表面，摩阻压降梯度是摩阻系数 f（由雷诺数和表面粗糙度计算得到）、密度、相对速度，摩擦表面和通流截面的函数：

$$\frac{\mathrm{d}p}{\mathrm{d}Z_{\text{friction}}} = \frac{f\rho v^2}{8}\frac{S}{A} \tag{3.2}$$

一般将摩阻分为压差密度计产生的摩阻和管道产生的摩阻：

$$\frac{\mathrm{d}p}{\mathrm{d}Z_{\text{friction}}} = \frac{\mathrm{d}p}{\mathrm{d}Z_{\text{pipe}}} + \frac{\mathrm{d}p}{\mathrm{d}Z_{\text{tool}}} = \frac{f_{\text{p}}\rho v^2}{2} \times \frac{D}{D^2 - d^2} + \frac{f_{\text{t}}\rho v_{\text{t}}^2}{2} \times \frac{d}{D^2 - d^2} \tag{3.3}$$

式中　ρ——流体密度；

v——流速；

S——流体与管道的接触面积；

A——通流截面；

$\dfrac{\mathrm{d}p}{\mathrm{d}Z_{\text{pipe}}}$——管道产生的摩阻压降梯度；

$\dfrac{\mathrm{d}p}{\mathrm{d}Z_{\text{tool}}}$——密度仪产生的摩阻压降梯度；

f_p——管道的摩阻系数；

v——管道内的流速；

f_t——密度仪的摩阻系数；

v_t——密度仪处的流速；

D——管道直径；

d——密度仪直径。

ρ_{fluid}——待测流体密度；

p_2-p_1——压差计内硅油的静水压差；

Δp_{fric}——流体流经测量传感芯片两测点间的摩阻压降；

Δp_{acc}——流体流经测量传感芯片两测点间的加速压降；

p_{so}——硅油密度；

g——重力加速度；

h——测量传感芯片两测点间的距离；

θ——井斜角；

$\dfrac{\mathrm{d}p}{\mathrm{d}z_{friction}}$——摩阻压降梯度；

f——摩阻系数❶。

3.3.2.2　核密度仪

核密度仪从腔体的一侧发射伽马射线，然后在另一边检测它们。伽马射线的衰减只与腔内流体密度有关。不需要修正摩擦或偏差。

应用该工具的问题是腔内的流体是否反映了通过管道内的流动。在斜井中分离流动测量中，该工具的使用受限。放射源的存在也是一个问题。

3.3.2.3　音叉密度仪

音叉密度仪（TFD）通过测量流体对谐振叉的影响来工作。与核密度仪一样，不需要修正摩擦和偏差。这种工具相当新颖，需要再等一段时间才能评估它的实效性。

3.3.2.4　从压力得到的拟密度

拟密度是通过计算压力相对于测量深度的导数，然后修正摩擦力和偏差。一般来说，这将用于低速流时获得的压力。

3.3.3　电容和持相率仪

一个相的持相率是在任意深度该相所占的体积分数。图3.9显示了重相（斜线）和轻相（点）以及相应的含量。

持相率通常标记为 Y；根据定义，各相的持相率相加之和等于1。

电容和持相率仪的设计是为了提供特定相位的持相率。该系列工具是对转子流量计的补充，以区别多相流动。

---

❶　遵照原文，应翻译为摩阻系数，但根据原文中的公式3-2，此处应为范宁摩擦因数，Fanning fraction factor。译者注。

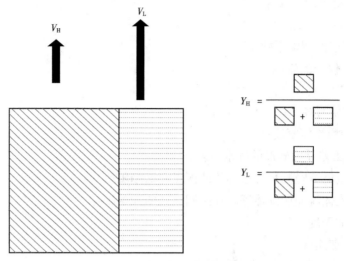

图 3.9　持相率的定义示意图

3.3.3.1　持水率电容工具

持水率电容工具是一个基于水和油气介电常数不同的工具。当持水率小于 40% 时，该工具将提供正确的测量值。作为校正曲线给出的仪器响应是独特的、高度非线性的。

这种工具也会由于拍摄（向下通道）和润湿（向上通道）的影响而延迟响应，因此可能会导致流体接触位置错误。

3.3.3.2　含气率测井仪（GHT）

含气率测井仪用于计算流体中气体体积分数。发射器发射伽马射线；鉴于气体具有低电子密度和低背散射的性质，可根据测量出的不同气体背散射程度来加以区分。

该工具可以在不受套管外侧地层影响的情况下测量井眼。它对偏差不敏感，不需要摩擦校正。

含气率测井仪的缺点是要使用放射性源，而且必须集中操作。原始计数必须通过管道内径、PVT 某些特性的先验知识来校正，结果可能受到规模的影响。

3.3.4　压力和温度传感器

压力和温度传感器可以直接或间接使用，它们是构成任何生产测井工具串的两个非常重要的组成部分。

压力可作为生产稳定性的指标，需要进行 PVT 计算；可为密度测量缺失/错误的情况下分型提供补充；它提供了选择性流入动态（SIP）的关键信息之一。

压力表可分为应变仪或石英压力计。在应变仪中，压力引起的机械变形是主要的测量原理。传感器材料有波登管、薄膜电阻、蓝宝石晶体等多种类型。

在石英压力计中，石英传感器以其谐振频率振荡。该频率直接受到施加压力的影响（图 3.10）。

和压力一样，温度也用于 PVT 的计算。它还可以揭示如水泥套管泄漏引起的井筒外的流动。只要有足够的正演模型进行计算，温度是可以定量的。

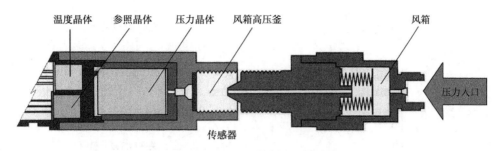

图 3.10　石英传感器示意图

3.3.5　深度和内径测量设备

3.3.5.1　深度测量

在地面可以通过测量电缆在井眼内的长度来测量深度。深度测量不考虑电缆可能的拉伸或松弛引起的偏差或限制。这种情况可以通过张力测量来发现。如前所述，测井数据需要及时补偿，以便显示在相同的深度。这是因为不同的传感器测量点在不同的深度。

3.3.5.2　深度校正：裸眼伽马射线

当进行测井时，工具读数在地面设置为"0"。数据质量保证/质量检查（QA/QC）中的第一项任务是将测井数据与其他可用信息（完井、射孔等）保持一致。这可以通过加载一个参考的裸眼伽马射线并变换采集到的数据，使生产测井和裸眼曲线重叠来实现。由于完井、规模等原因，信号可能不完全相同。

3.3.5.3　深度校正：套管井套管接箍定位器（CCL）

另一种替代伽马射线用于深度校正的工具是套管接箍定位器（CCL），这是一种在已知深度下套管接箍前发生反应的测量方法。

3.3.5.4　内径计算：井径仪

井径仪是用来计算井筒横截面的机械装置。了解井的横截面很重要，这样才能把速度转换成流量。即使在套管井中，完井图表也不能反映实际情况。井径仪可以集成在转子工具上，或者作为一个单独的设备。它们通常在两个正交的方向测量直径；在这种情况下，他们被称为 X—Y 井径仪。对于这样的井径仪，每个深度的内径都计算为 $\sqrt{(X^2+Y^2)}$。

3.4　一个典型的生产测井作业工序

生产测井中的基本假设是油井处于稳定状态。因此，重要的是在使用工具之前要使油井稳定。一项典型的工作是根据不同的地表条件进行几次测量。关井测量也要记录下来，其目的是在相分离的环境中校正工具。关井还可以揭示由于差异衰竭而产生的层间窜流，为关井提供参考梯度，并为诸如温度等多种条件下的测量提供基准。

作业计划的一部分是考虑油井稳定所需要的时间。稳定性的概念定义为压力随时间的变化，因为我们从试井中得知，流动压力通常不是严格保持恒定的。应当关注记录随时间的变化。例如，图 3.11 所示的注入期之后的温度重新升高。

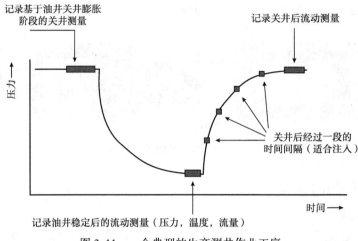

图 3.11　一个典型的生产测井作业工序

为了获得变流量生产测井和选择性流入动态（SIP），需要有多个流量。通常，记录 3 个流量和关井时的井底压力。如图 3.12 所示。

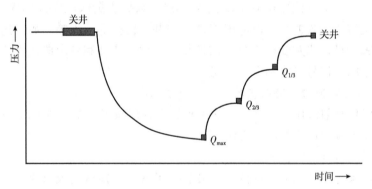

图 3.12　变流量生产测井

3.5　典型的工作

在单相情况下，典型的工具管柱包括温度传感器和压力传感器、转子流量计和井径仪。当然，假定流动条件确实是单相的，就不需要进一步的资料。在井下遇到非地面生产的流体并不罕见。如果存疑，最好之前在工具串中添加流体标识工具（用以测量密度或持相率）。

在多相情况下，如果存在 n 个相，则有 $n-1$ 个未知数。因此在两相流中需要测量密度或持相率，而在三相中需要测量两个这样独立的量。

对于除转子流量计外的所有工具，一趟测量即可进行计算。然而，比较其他工具的多趟测量是判断井筒稳定性的一种方法。如果某些井段的一些数据传递不好，多趟测量也提供了更多具有代表性的度量的机会。

接下来将解释转子流量计的校正，它需要在多趟测量中采用不同的测井速度。一个典型的作业包括 3 次或 4 次下入和 3 次或 4 次上提，如图 3.13 所示。通常是由增加速度进行编号。

从通过的最低速开始记录。这意味着 1 通常是第一次下入，也是最慢的一次。

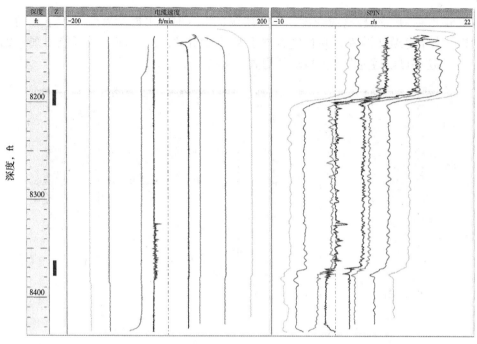

图 3.13　一个 8 趟通过作业的流量计和电缆速度（CS）

对于某些工具，如果有要求，可以对测点进行记录。此外，显示测点对时间的测量值的能力是井的稳定性或不稳定性的进一步指示。

3.6　数据加载、质量保证/质量控制（QA/QC）和参考通道

作业运行后的第一个任务是加载和检查质量保证/质量控制的测井数据。下面是检查和可能的操作列表。

数据编辑——通常情况：遥测错误会在数据上引入峰值，从而依次使范围失常，使质量保证/质量控制变得困难（图 3.14）。为了避免这个问题，应该提前实现去尖峰，例如使

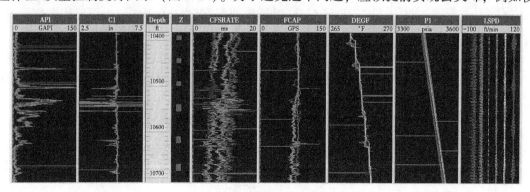

图 3.14　遥测峰值的例子

用中值过滤器。一些仪器响应也可能是有噪声的，例如核仪器响应，通常需要使用低通滤波器进行处理。

数据编辑——旋流器/电缆速度：当开始快速下入时，可能会看到"上下移动"的效果。同样，由于电缆在沿着完井长度方向上粘住或滑动，流量计上也可能出现数据振荡（图3.15）。这些可以通过滑动窗口求平均数来编辑。

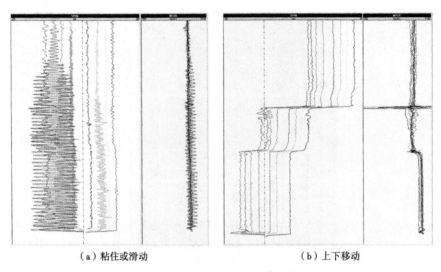

（a）粘住或滑动　　　　　　　　　　（b）上下移动

图3.15　数量计数据振荡现象

采用流量计在生产装置中流体向上流动和在注水井中流体向下流动进行测量前，需要对其进行无符号响应校正（图3.16）。

深度匹配：使用伽马射线或套管接箍定位器，所有可用的数据都应该设置为连贯深度。有时深度校正可能需要更多转换。

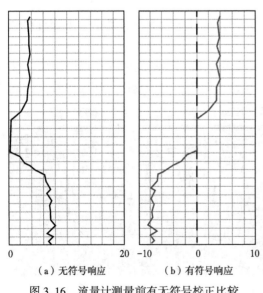

| 0 | 20 | -10 | 0 | 10 |

（a）无符号响应　　　　（b）有符号响应

图3.16　流量计测量前有无符号校正比较

可重复性：从一趟读数到另一趟读数的可重复性是油井稳定性的一个指标。当流体混合物性质（例如密度或温度）发生剧烈变化时，一些工具上的读数会受到电缆速度（CS）的影响。必须要注意这一点，因为它将为计算确定参考通道的选择方向。

一致性：在这个阶段，在传感器之间完成第一次一致性检查。注意，有些工具需要提前校正，这样它们才可以提供一个定量的解答（例如，一个斜井的拟密度 dp/dZ）。一些工具会对油管或套管外因素的影响（例如温度），并且与对转子流量计的影响不同。

定性分析：一旦所有数据进行了整理，

大多数问题都可以定性地回答。当然，它也有一些缺陷，比如由于内径的更改而发生流入流出的变化，会误以为转子流量计响应发生了变化。

参考通道：对于任何将在解释中定量使用的测量，必须选择或建立一条曲线。大多数情况下，这条曲线将是最慢地向下传递，但一些编辑或平均可能是必要的。在我们定义或建立参考速度通道之前，这个程序不适用于首先需要校正以计算速度的转子流量计。

3.7　转子流量计的校正及表观速度的计算

为了进行定量解释，转子流量计输出的每秒转数需要转换为速度。每秒转数和速度之间的关系，除其他因素外，取决于流体性质。因此，需要对其进行现场校正。

3.7.1　转子流量计响应

转子的旋转速度取决于流体相对于转子的速度；它是流体速度和工具速度的函数。通常的符号约定认为工具下行时，速度方向为正；工具上行时，速度方向为负。类似地，当转子流量计使得流体从下向上流动时，转子流量计的旋转方向为正；当流体向下流动时，转子流量计的旋转方向为负。根据这些约定，转子流量计的旋转相对于与电缆速度和流体速度之和相关。

在静态流体中，理想的转子流量计运行的响应如图 3.17 所示，上行（电缆速度为负）和下行（电缆速度为正）有两条不同的响应线。

（1）每秒转数的值是速度的线性函数；响应斜率取决于转子的节距，即它的几何形状。

（2）转子流量计旋转是工具最轻微的运动，即相对于工具的最轻微的运动。

（3）负斜率较低，一般为工具本体起屏蔽作用；对于像内嵌式转子流量计这样的对称工具，情况就不一样了。

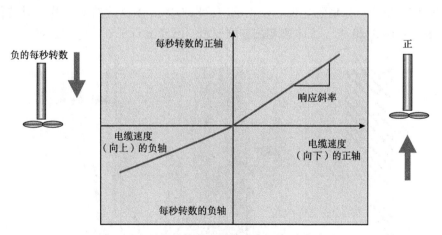

图 3.17　理想的转子流量计响应（在无流动区）

在实际工作中，响应受流体性质和轴承摩擦力的影响。式（3.4）为可能的表达式[1]：

$$R = av_{fs} - \frac{b}{\rho v_{fs}} - c\sqrt{\frac{\mu}{\rho v_{fs}}} \qquad (3.4)$$

对于生产测井解释，校正后仍然将是一条直线。因为这条线近似于一个非线性函数。它可能随所遇到的流体而变化。此外，临界值速度会影响仪器响应，临界速度是转子流量计旋转所需的最小速度。这个临界速度将取决于流体；全井眼转子流量计的典型数值在油中为 3~6ft/min 和在天然气中为 10~20ft/min。

图 3.18 表示无流区转子流量计响应作为电缆速度的函数。如果流体以一定的速度 v_{fluid} 移动，那么仪器响应将是同步的，但是会受 v_{fluid} 影响而向左移动，如图 3.19 所示。发生这种变化的原因是，由于转子流量计对 ($v_{fluid}+CS$) 之和有反应，所以 v_{fluid} 中电缆速度 CS 值 "X" 的每秒转数的值是对无流区电缆速度值 ($X+v_{fluid}$) 的响应。

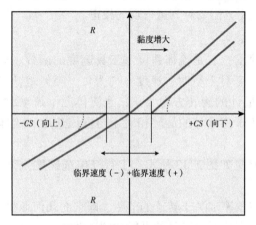

图 3.18　转子流量计的实际响应（在无流区）

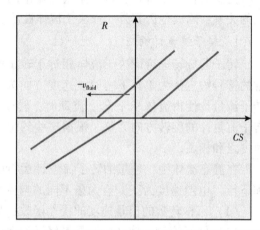

图 3.19　转子流量计在无流区和带生产区的实际响应

3.7.2　转子流量计现场校正

在实际应用中，目标是建立现场校正响应，以考虑流体特性的变化及其对转子流量计校正的影响。在图 3.20 中，流体速度在左侧表示。已经运行了 6 次，右边显示了转子流量

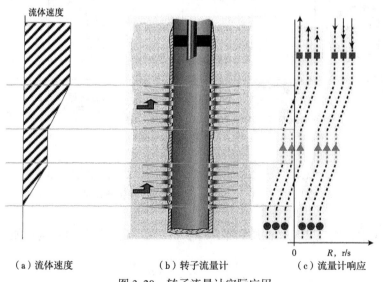

（a）流体速度　　　　　（b）转子流量计　　　　　（c）流量计响应

图 3.20　转子流量计实际应用

计的响应。

　　三个稳定的区间由圆点、三角和方块的部分表示。对应的点绘制在转数与电缆非线性速度图上（图3.21），直线由线性回归绘制。

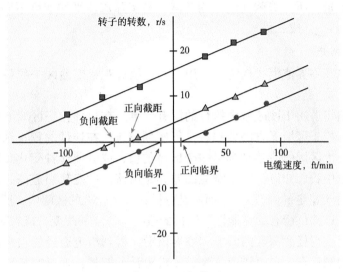

图3.21　现场校正

　　从历史上看，在进行手工计算时，通常的方法是在每个射孔之间的稳定区域考虑转子流量计的校正区域，如前所示。然后直接从每个区域的交叉图计算速度。今天的想法是，你只需放入到转子流量计校正区，因为你认为有一个变化的斜率或临界值（通常由于流体类型的变化）。理论上，一口单相井只需要一个转子流量计校正区域。实际上，在拥有多个区域的情况下，只要它们是稳定的，就可以确保任何改变都会被获取。

3.7.3　校正速度：临界值处理和v_{apparent}

　　该校正没有直接给出流体速度，还需要进行一些计算或假设。如果各截面的响应严格平行，则由前面的讨论可知，流体速度可以通过估计给定区域的正直线与无流区正直线之间的水平平移得到。这种方法利于人工分析，但有局限性。一般的方法需要系统地处理斜率和临界值的变化。

3.7.3.1　临界值的选择

　　以下是通常考虑的选项。

　　（1）所有区域有唯一正和负的临界值：根据直线斜率和共同的正临界值计算直线上某一点的表观速度。根据直线的斜率和一般的负临界值，计算了负直线上某一点的表观速度。该模式适用于单相流体。

　　（2）不同的临界值，唯一的比率负临界值/（负向截距—正向截距）：这个默认比率等于$7 \div 12 = 0.583$，但可以从无流量区域的值设置。显然，这只能用于具有正截距和负截距的区域。

　　（3）独立临界值：该模式允许每个校正区域有不同的临界值，这是最通用的。注意，这种模式的唯一问题是，在存在流体移动的区域中，最多只能得到临界值的和。正值和负值可以直接完成计算（即求和）或基于无流区上的分割。

3.7.3.2   表观速度

不管用什么方法，最终都会得到一个速度的测量值，它表示转子流量计测到的流体速度。该值为转子流量计所覆盖截面的平均速度，与实际流体平均速度不同。因此，它被称为表观速度，记为 $v_{apprent}$ 或 v_{APP}。

3.7.4   表观速度测井

在校正完成以及临界值模式选定后，用得到连续表观速度曲线来代替任意深度的速度是其目的。

斜率和临界值将适用于该区域内执行的所有计算。在顶部校正区域上方的数据将进行顶部校正，在底部校正区域下方的数据将进行底部校正。在连续的校正区域之间，可能的选择是线性地从一个区域的值移动到另一个区域的值，或者使这种变化急剧发生。从前面对定子响应的讨论中我们知道，定子响应的差异是由流体的变化引起的。由于流体属性的变化是局部的（对于特定的油流区），而不是分散在一个较大的区间内，所以可能更容易发生急剧的转换。应该提供所有的可能性：渐进的改变，急剧的改变，或者两者兼而有之。

在确定了如何获得任意深度的斜率和临界值后，得到给定通径的表观速度曲线的过程如下：对于给定的测量点，有电缆速度和转子流量计的转速；通过在校正图上绘制点，沿着斜率，得到截距，并通过临界值进行校正（图 3.22）。

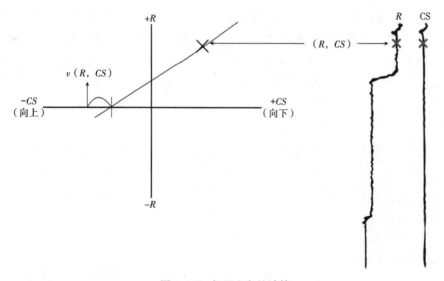

图 3.22   表观速度的计算

工具每走一趟产生一个表观速度通道可以进行叠加，这是对井的稳定性和校正充分性的进一步检查。当进行此检查时，通常用单个平均值（中值叠加或横向平均值）替换多个表观速度曲线。这条单一的表观速度曲线是定量分析所需的唯一资料。

3.8　单相解释

速率计算可以在每个深度框架上执行，也可以在感兴趣的计算区域上平均执行。这种计算区域可以是校正区域，位于每个射孔区的顶部，但在大多数情况下，工程师将定义与速率计算相关的位置。

转子流量计校正允许我们得到表观速度 v_{APP}，任何地方都有测量（图 3.23）。

为了得到单相速率，需要求出总平均流速，它可以用带修正因子的 v_{APP} 来表示。通常称为速度剖面校正因子（F_{VPC}）：

$$v_{M} = v_{PCF} \times v_{APP} \tag{3.5}$$

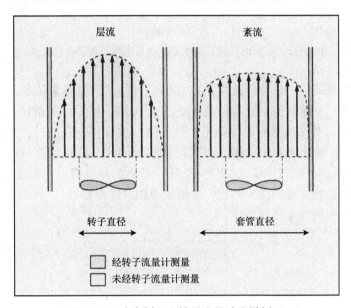

图 3.23　速度剖面和转子流量计取样剖面

3.8.1　速度剖面校正系数

从历史上看，至少对于任何人工解释，速度剖面校正系数（v_{PCF}）都被视为 0.83。更一般地，这个因子可以通过雷诺数和叶片直径与管径的比值来计算，相关关系如图 3.24 所示。

在雷诺数为 2000 时，流动形态为层流速度为抛物线分布。在这种情况下，最大速度是平均速度的两倍，导致小直径叶片 $F_{VPC} = 0.5$。当雷诺数增加时，修正系数从 0.5 开始增大，其值逐渐趋近于 1。此外，当叶片直径趋于管道内径时，修正系数趋近于 1。

雷诺数 Re 表示流体密度 ρ（g/cm^3）、直径 D（in）、速度 v（ft/s）和黏度 μ（cP）之间的关系如下：

$$Re = 7.742 \times 10^{3} \frac{\rho D v}{\mu} \tag{3.6}$$

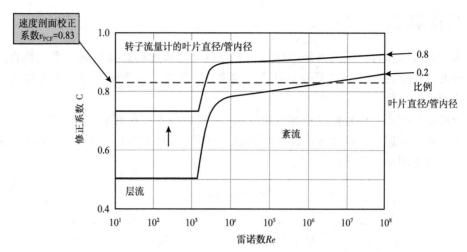

图3.24　不同内径比下速度剖面校正系数与雷诺数的关系

显然，我们要找的值——流体速度是方程的一部分，这意味着需要迭代求解。经典的解决方案是先求出一个速度值，通常是基于 F_{VPC} 为 0.83，然后计算雷诺数，从中计算出一个新的 F_{VPC} 值，从而对流动速度进行修正估计。这个过程将一直进行，直到解决方案最终收敛（图3.25）。在现代软件中，这已被回归算法所取代，单相计算只是对更复杂的过程［如多相速率计算或阵列式持率仪（MPT）处理］所做的具体情况。非线性回归过程的原理是，我们把希望得到的结果当作未知数，这里是单相井底流量 Q。

目标一般是观测到的工具测量值。

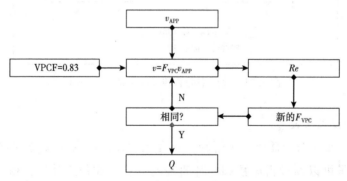

图3.25　单相解释工作流程

在单相计算的情况下，目标是经转子流量计校正后计算出的表观速度。从回归过程中 Q 的任意值计算速度，进而得到雷诺数，之后求出 F_{VPC}，最后得到模拟表观速度。

这允许创建一个函数 $v_{APP}=f(Q)$。然后通过使模拟表观速度与实测表观速度的标准差最小，求解 Q：

$$Q \rightarrow v \rightarrow Re \rightarrow F_{VPC} \rightarrow v_{APP}$$

模拟表观速度：$v_{APP}=f(Q)$

实测表观速度：v_{APP}^{*}

最小误差函数：$Err=(v_{APP}-v_{APP}^{*})^{2}$。

$$Err=(v_{APP}-v_{APP}^{*})^{2} \tag{3.7}$$

3.8.2 单相解释结果

图 3.26 是某注水井典型的单相解释结果图。

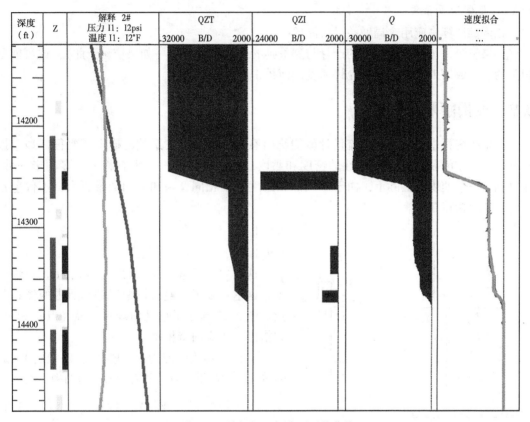

图 3.26　单相解释的典型测井曲线

在该注水井中，选择了 5 个不同的计算区域（灰色）来隔离影响。对上述所有区域进行非线性回归，得到 Q。结果由总的分区流量 QZT（Z：分区的；T：总的）轨迹总结，其中给定计算区域的值向上延伸到上面的油流区，向下延伸到下面的油流区。

油流区与射孔区是不同的，这意味着并不是所有的射孔间隔都能产生流体，或者在本例中是流体。QZI（Z：分区的；I：递增的）轨迹表示生产或注入，它们是通过流入上和流入下的速率差得到的。

最后一个流量跟踪，记为 Q，表示在每个深度上的非线性回归的应用，重点是获得一个连续的对数曲线，在任何地方都忠实于测井数据。

有了这个对数曲线，就可以精确地确定计算区域的位置。在完整 lg$Q$ 或总的分区流量（QZT）中，深度 1 处速率的计算与深度 2 的计算无关。其结果是，这些比率可能导致一种符号或幅度的生产，而这种生产在物理上是不合理的。我们可以在本章后面叙述的全局回归过程中处理这种潜在的不一致性。

上面的最后一条轨迹显示了目标 v_{APP} 和模拟当量。注意，我们任意决定将表观速度作为目标函数，而不是 RPS 中的实际仪器响应。

我们可以在回归过程中集成流量计校正，并匹配不同选择通过的 RPS 测量值。

模拟曲线和 QZT 测井称为"图解"。

3.8.3　匹配地面条件

在流量计算中应用全局增益是可能的。

如果想要将顶部产层以上的产量与测量到的地面流量匹配（如果依赖于此），这可能是相关的。在数值上，它相当于允许速度剖面校正因子的乘数。

3.9　多相解释

在单相解释中，单靠转子流量计就能给出答案，即使校正系数的确定需要很好地掌握井下条件，才能获得具有代表性的密度和黏度。在多相流中，至少有相一样多的未知数，即每相有一个速度。实际上，由于不同的相速度也不相同，未知数的数量更大，不仅包括流量，还包括持相率。

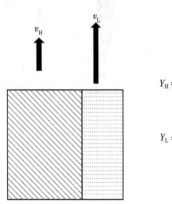

图 3.27　持相率的定义

3.9.1　定义

3.9.1.1　持相率

这个定义以前已经给出，但是为了清楚起见，这里重复了一遍。持相率是相所占的体积分数。图 3.27 显示了重（斜线）和轻（点）相位，并指出了相应的持相率。

持相率通常标记为 Y，根据定义，它们加起来等于 1。在重（H）和轻（L）两相中，有

$$Y_H + Y_L = 1 \qquad (3.8)$$

式中　Y_H——重相持相率；
　　　Y_L——轻相持相率。

在水（w）、油（o）和气（g）的三相中，有

$$Y_w + Y_o + Y_g = 1 \qquad (3.9)$$

式中　Y_w——水的持相率；
　　　Y_o——油的持相率；
　　　Y_g——气的持相率。

3.9.1.2　相速度

某一相的平均速度由该相的流量、持相率和横截面积得到，有

$$v_p = \frac{Q_p}{A Y_p} \qquad (3.10)$$

式中　v_p——某相的平均速度；

　　　Q_p——某相的流量；

　　　Y_p——某相的持相率；

　　　A——通流截面。

3.9.1.3　滑脱速度

滑脱速度是两相速度之差。当考虑轻、重两相时，滑脱速度通常定义为轻、重两相速度之差，即

$$v_s = v_L - v_H \tag{3.11}$$

式中　v_s——滑脱速度；

　　　v_L——轻相速度；

　　　v_H——重相速度。

当向上运动时，轻相移动得更快，v_s 为正。当向下运动时，会遇到相反的情况，此时重相会走得更快。生产测井工具既不能测量滑脱速度，也不能测量相流量（至少在传统工具中不能测量）。只有当能够使用相关性估计滑脱值时，才有可能获得流量值。在文献中有许多经验的或更严格的基础上的相互关系式。就目前而言，如果我们需要的话，通过简单的假设，可以得到这种相互关系式。

3.9.2　从两相开始

对于两相流，可选择水—油、水—气和油—气作为替代。尽管我们提出的一般方法是使用非线性回归，但在这里描述的是确定性方法。它的价值是在简单的情况下解释概念，并介绍将在一般情况下使用的基本概念/表示。回顾上面提到的定义，用下标 H 表示重相，L 表示轻相，则可以写为

$$Y_H + Y_L = 1 \tag{3.12}$$

$$Q_H + Q_L = Q_T \tag{3.13}$$

$$v_S = v_L - v_H = \frac{Q_L}{A Y_L} - \frac{Q_H}{A Y_H} = \frac{Q_T - Q_H}{A(1 - Y_H)} - \frac{Q_H}{A Y_H} \tag{3.14}$$

解出 Q_H

$$Q_H = Y_H \left[Q_T - (1 - Y_H) v_S A \right] \tag{3.15}$$

得

$$Q_L = Q_T - Q_H \tag{3.16}$$

持相率是一个可以直接测量或从密度推断出来的量。如果测量混合密度，知道井内各相密度，则得到持相率：

$$\rho = \rho_H Y_H + \rho_L Y_L \Rightarrow Y_H = \frac{\rho - \rho_L Y_L}{\rho_H} \tag{3.17}$$

式中　Y_H——重相持相率；

　　　Y_L——轻相持相率；

Q_H——重相流量；

Q_L——轻相流量；

Q_T——总流量；

v_S——滑移速度；

v_L——轻相速度；

v_H——重相速度；

A——通流截面；

ρ——混合密度；

ρ_H——重相密度；

ρ_L——轻相密度；

注意，当用压力梯度测井测量密度时，需要通过对读数进行修正用以计算摩擦力。这种修正需要速度和流体性质的知识，就像计算单相流一样，这种计算将需要一个迭代解决方案。

因为我们知道如何从单相流当量计算总流量，我们需要一种确定滑脱速度的方法。在最简单的情况下，这可以手算完成。图 3.28 为直井中油水混合物气泡流的肖凯特（Choquette）关联图。

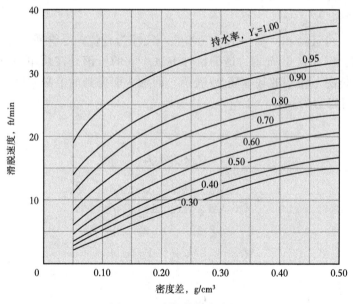

图 3.28 肖凯特气泡流图

用这样的图，从持相率和密度差得到了滑脱速度。用转子流量计和密度测量仪测量，手工确定方法的步骤很简单直接的。

（1）v_{APP} 和 $F_{VPC} = 0.83$，估算 Q_T；

（2）由 ρ、ρ_H 和 ρ_L 估算 Y_H，按需迭代摩擦和 F_{VPC}；

（3）从肖凯特图表中得到 v_s；

（4）估算 Q_H 和 Q_L。

一般情况下，滑脱速度是流量和流体特性（密度、黏度和表面张力等）的函数。必须修改手动方法。

3.9.3　应用非线性回归的通解

建议的工作流程与单相工作流程一样，依赖于使用非线性回归来找出将目标测量值与模拟值之间的误差所定义的目标函数最小化的比率（图 3.29）。在上面的例子中。我们所需要的是一个正演模型，从流量 Q_H 和 Q_L 的假设计算模拟的表观速度和密度。在一般情况下，步骤如下：

（1）由速度、流体和局部几何尺寸，得到滑脱速度；

（2）由滑脱速度和流量，得到持相率；

（3）由持相率计算流体混合性质；

（4）利用相关模型计算模拟的仪器响应（如速度剖面校正因子、摩擦方程等）。

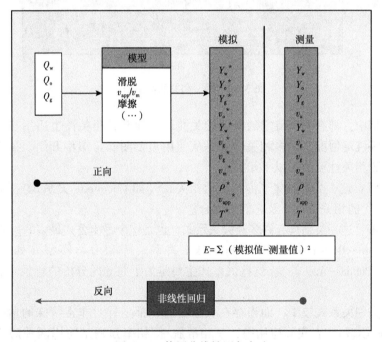

图 3.29　使用非线性回归方法

这种方法的有趣之处在于，任何数量和类型的度量都可以选择作为目标，前提是它们是充分的，并且问题不是未确定的（对未知数量的度量不够）。有冗余的度量也是可能的，在那里回归将试图找到一种基于不同测量值所赋予的置信度的折衷方法。

从上面的步骤中，存在滑脱对建立持相率与流量的相关性是不利的，认识到这一点很重要。因为持相率是最容易测量的量，当生产测井可以直接测量相流量或相速度，这也是生产测井发挥的重要作用。这个过程可以去除滑脱的影响。

3.9.4　流动模型及修正

滑脱相关性已经在许多情况下被推导出来，要么是经验上的，要么是通过解决一般动量平衡方程，在这种情况下，相关性被称为"力学相关"。一般来说，滑脱速度强烈取决于所处的流动类型特性。水—油混合物向上流动通常在气泡流中考虑，而液—气混合物将产生更为复杂的流态，如图 3.30 所示，其中邓斯（Duns）和罗斯（Ross）的经典经验关系式之一。

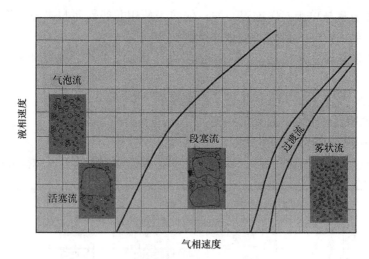

图 3.30　邓斯和罗斯流型图

在每个流型中，都有一个特定的滑脱相关性。这种滑脱相关性也适用于两相间不存在滑脱的雾状流等极端情况。许多相关性都是从使用流型图确定流型开始，接着应用相应的滑脱方程。滑脱相关性可分为以下几类。

（1）液—液：这一类别收集了泡状流动相关式（如 Choquette 关系式）、分层流相关式子（如 Brauner）的相关系数以及它们的组合。

（2）气—液：这一类别具有许多经验关系式，也是迄今经验公式最多的。如：Duns—Ross 关系式，Hagedorn-Brown 关系式，Orkiszewksi 关系式等和力学模型（如 Dukler、Kaya、Hassan-Kabir、Petalas-Aziz 等）。这些关系式主要是为了在井况分析的背景下表示井筒压力降而设计的。

三相：该类别关系式较少，而当存在关系式时，都是针对非常特殊的情况，例如分层三相流（Zhang 模型）。在实际应用中，三相滑脱/持相率预测是使用两种两相模型来完成的，典型的两相模型一方面是气液混合物，另一方面是油水混合物。

3.9.5　图形表示

图形表示（尽管基于两相类比）可以帮助理解以前的一些概念，并提供了比较不同关联的方法。

对于给定的混合流量 Q，我们考虑可能的混合，并绘制相应的混合密度。x 轴取值范围从 0（100%轻相）到 Q（100%重相）。这些端点的密度是相关的单相密度。之前为 Q_H 导出的方程，现在用来表示 Y_H：

$$Y_H = \frac{Q_H}{[Q_T - (1 - Y_H)v_S A]} \tag{3.18}$$

式中　Y_H——重相持相率；

　　　Q_H——重相流量；

　　　Q_T——总流量；

　　　v_s——滑脱速度；

　　　A——通流面积。

由式（3.18）可知，在没有滑脱的情况下，重相持相率与重相截距是相等的。这种情况如图 3.31 所示。另外，随着滑脱速度的增加，v_s 向上为正，因此，上面的方程告诉我们 Y_H 应该比截距高。因此，代表滑脱情况的曲线在无滑脱线之上。而当向下运动时，预计会出现相反的情况。

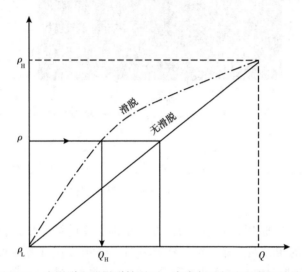

图 3.31　有滑脱和无滑脱情况下，密度与重相流量之间的关系

理解图 3.31 中所示的另一种方法是，对于给定的截距，滑脱越大，混合物就越重。这是因为轻相速度更快，因此在管道中占据的体积更小。轻相"支撑"重相，导致在任何深度都存在比没有滑脱时更多的重相。对于具有滑脱的给定溶液，密度的读数将大于没有滑脱时的读数。

我们可以从最后一个角度来看这个图。如果有一个密度的测量，可以通过插值密度值相关曲线从图形中找到（或者通过非线性回归找到）。

3.9.6　分区方法和分区流量曲线

最简单的基于回归的解释方法称为分区方法，相当于在一组用户定义的计算区域上使用前面描述的回归。在单相情况下，在油流稳定区间上下范围内选择分区。

对每个区域采用非线性回归，并在区域流量图中以图形方式显示该回归的结果。y 轴可以显示相关的密度或持相率。图 3.32 展示了一种具有旋流器和密度的两相油气情况。虚线表示测量的密度。当前的解决方案是这样的：对于选定的关系式（Dukler 模型），预测密度值（水平点虚线）与实测值（水平短虚线）相似。

每条有颜色的线代表不同的相关性。正如我们之前所做的，查看此图的一种方法是考

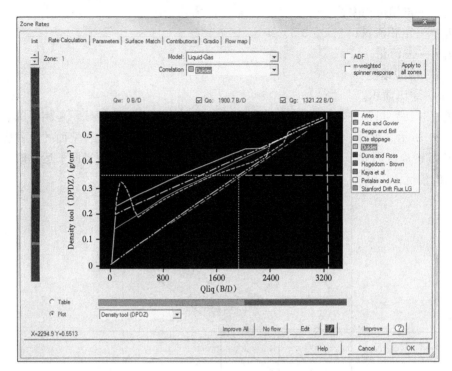

图 3.32　Emeraude 区域流量图

虑流量解决方案与所选择的相关性之间的差异。正确选择的第一步是排除针对不适用于特定测试的情况而开发的相关性。除了第一次排除外，还可以检查哪一种相关性与其他信息（特别是地面流量）最为一致。这个选择是分析的一个非常重要的步骤，至少应该注意并证明。软件默认不会是一个充分的借口。

3.9.7　多相解释结果

图 3.33 演示了一个典型的多相流解释结果。在这个油气生产直井中，选择了三个不同的计算区来隔离两个射孔区域的生产。对上述三个计算区域进行非线性回归，得到 Q_o 和 Q_g。实际上，在底部区域，流量设置为 0，持水率为 1。在其他区域，只有两个测量值（流量和密度），令 $Q_w = 0$，所以回归只解决 Q_o 和 Q_g。计算结果由 QZT 轨迹总结，在 QZT 轨迹中，给定计算区域的值向上至流入区顶部，下至流入区底部。

QZI 轨迹表示生产或注入，它们基本上是通过油流区上下流量差获得的。Q 轨迹代表了非线性回归在每个深度范围上的应用。

两个匹配视图显示了目标和模拟测量值之间的比较。模拟曲线是通过在每个深度输入已知流量代入到正演模型得到的，特别包括滑脱相关。模拟曲线和 QZT 测井曲线再次被称为原理图。

3.9.8　局部回归与全局回归

前面描述的分区方法在计算区域上执行一系列不相关的非线性回归，然后通过对每一相的上下流量差求出相应的补偿量。以这种方式进行下去，就不能保证某一特定区域的生

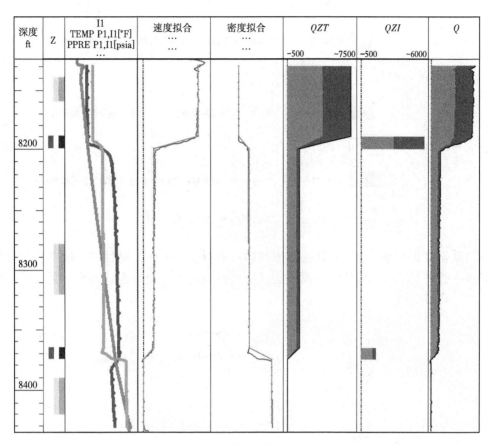

图 3.33　典型的多相流解释结果（分区方法）

产最终将具有相同的标志。

为了避免这种情况，可以用一个单一的回归，即全局回归，同时求解整个井，其中未知的部分是区域生产 dQ_s。由于生产是直接的未知数，可以预先施加一些符号约束。对于每个迭代，dQ_s 的假设转化为一系列关于计算区域的 Q_s，这些计算区域可以被代入正演模型中来计算目标函数。这里，目标函数仅在计算区进行评估，对于这个缺陷，可以添加其他成分，比如使用地面流量的约束。

注意，无论回归是局部的还是全局的，最终结果都只由用户定义的几个计算区域上的解决方案决定（图 3.34）。这就是为什么我们称这种方法为"分区方法"。

3.9.9　连续方法

分区方法的明显优势是速度，因为即使最终运行全局回归，也只需要几个点就可以得到答案。其主要缺点是计算结果受计算区域选择的影响。消除这种依赖关系的一种方法是进行全局回归，对任意地点的测井计算误差，而不仅仅是在几个点上。例如，可以寻求最小化数据和模拟测量日志（示意图）之间的差异。然而，当我们查看匹配视图时，会看到图表是正方形的，这是因为在流入区之间，质量流量没有变化，而且由于采用滑脱模型，所以在持相率和推导出的性质方面几乎没有变化，如图 3.33 所示。

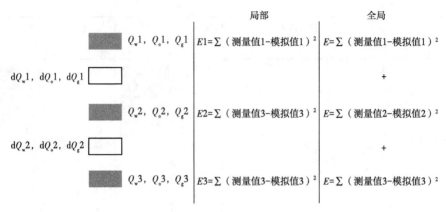

图 3.34　局部回归和全局回归

解释数据变化的唯一方法是让持相率与局部模型预测不同，同时用一项来补充目标函数，该项度量解与滑脱模型预测的偏差程度。更精确地说，使用连续方法，全局回归可以修改如下（图 3.35）。

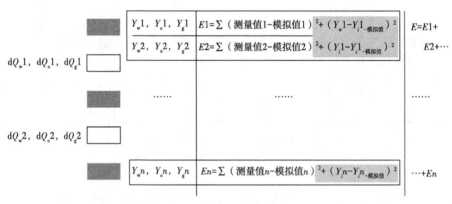

图 3.35　连续模式下的全局回归

主回归循环仍然是关于生产的：但是目标函数考虑了测井点上的误差。反过来，在每个深度，模拟的测井值通过对持相率进行第二次回归来评估，以最小化模拟值和实测值之间的误差，同时，使用滑脱模型持相率预测新的约束。在没有滑脱模型的情况下，显然不包括这个新的约束（图 3.36）。

3.9.9.1　三相实例说明

图 3.36 显示了在一个三相示例上分区方法的结果。计算区域被定义——看第二次射孔是如何被分割的。已经运行了局部回归，然后是一个全局回归，其约束是所有的生产都是不小于 0。

现在使用连续方法和重新运行全局回归来解释这个示例。最后，还是有一些区别的。整体上看，这场匹配看起来更好，但代价是没有遵循滑脱模型。偏离滑脱模型的偏差在最右边的测井曲线记录道上（图中的线表示模型，标记表示解）。注意，测井的深度样本数量是用户定义的（图 3.37）。

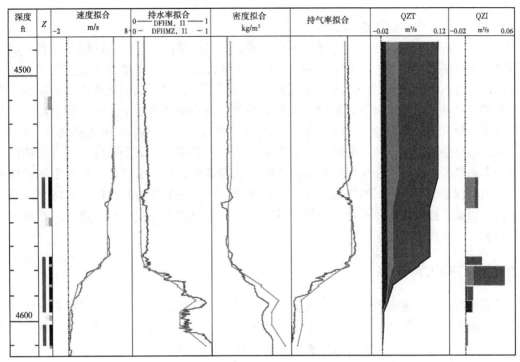

图 3.36　分区方法结果的例子

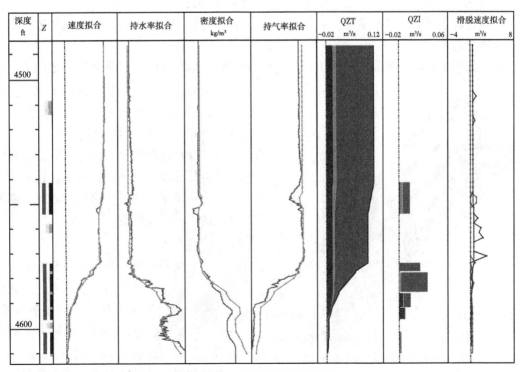

图 3.37　连续逼近结果的例子

3.9.9.2 小结

在上面的例子中，使用连续方法并没有明显的好处，但是在某些情况下会起到相反的作用，例如，在生产区间之间的数据是不稳定的。在这种情况下，计算区域的位置可能会对分区方法的结果产生非常不利的影响。然而，需要注意的是，连续方法也受到了包括流入在内的计算区域位置的影响，因为流入的分割方式直接影响到模拟测井曲线的形状。连续方法的另一种情况可给出带有温度的更好的答案，因为温度本质上是一个积分响应。这两种方法，分区的和连续的，可以并行地提供，以允许在任何阶段从一种切换到另一种。

重要的是要强调漂亮的搭配并不一定意味着正确的答案。在某个阶段，这一切都归结于解释者的判断。此外，任何回归都是由分配给目标函数的各个组成部分的权重造成偏差的。不同的权重会导致不同的答案，起点也很重要，因为一个复杂的目标函数将允许局部极小值。因此，连续方法并不是一个神奇的答案，更复杂并不一定意味着更好。连续方法计算量更大，有点像黑匣子。

3.10 斜井和水平井

尽管到目前为止提出的解决方案在原则上适用于任何井的几何形状，但在斜井或水平井中，问题变得非常复杂。在这些环境中，传统工具的响应不能代表流动特性，此外，即使仪器响应是可信的，滑脱模型也可能是不充分的（图 3.38）。

3.10.1 明显的下降流

在持水率较大的斜井中，水相在轻相上升时趋于循环。由于轻相占管道的一小部分，转子流量计将主要观测到水下降，一个直接的分析将得出一个负的水流量。（重相不仅限于水，也可能是油。）

处理这种情况的一种方法是使用一个专门的模型，考虑到重相本质上是静态的，而轻相以与滑脱速度成比例的速度向上移动。唯一的要求是进行一些持相率测量，并通过匹配这一持相率来推断滑脱速度。

处理这种情况的另一种可能的方法是将温度作为目标测量之一进行定量。这显然需要一个表示流体、储层和油井井之间必要的热交换的正演温度模型。

3.10.2 水平井

水平井测井的第一个问题是没有重力作用使工具下行，需要专门的输送系统，它包括连续管和牵引器两大部分。例如牵引器，下入可能会影响测量，当所有的动力都用于牵引器运行时，只有很少的动力用于测井。

水平井很少是严格意义上的水平井，因此不正常的滑脱速度以及由此产生的持相率

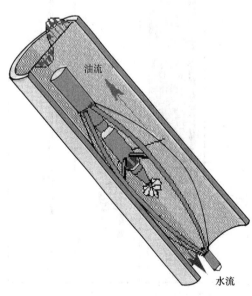

图 3.38 流动再循环

对水平井周围的微小偏差变化非常敏感（图 3.39）。

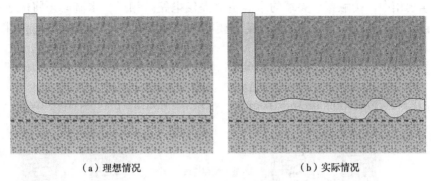

（a）理想情况　　　　　　　　　　　（b）实际情况

图 3.39　水平井轨迹

图 3.40 中的示意图显示了这种依赖关系。水和油的比例为 50%。蓝色染料被注入水中，同时红色染料被注入油中。在井斜角为 90°时，两相以相同的速度运动，每相的持相率为 50%。在井斜角为 88°时，也就是 2°上坡时，石油的扩散速度要快得多，含油量也显著下降。相反，在井斜角 92°，2°下坡时，情况正好相反，水的速度更快。

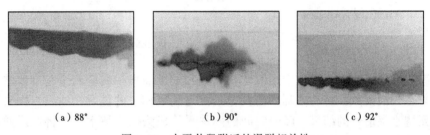

（a）88°　　　　　　　　　　（b）90°　　　　　　　　　　（c）92°

图 3.40　水平井段附近的滑脱相关性

不难想象，由于从一种状态到另一种状态不会是即时变化的波动，从而导致间歇性的状态，比如波浪。在这种情况下，传统工具的响应在大多数情况下是无用的。即使它们是可靠的，捕捉这种情况下物理行为的滑脱模型也很少。

井筒的波动也会形成自然的圈闭，低处为重质流体，高处为轻质流体。这些圈闭流体将起到断块的作用。当这种情况发生时，明显地影响工具的响应。最后一个值得一提的条件是，完井可能会提供常规工具无法达到的流动路径，例如，采用开槽衬管和多个外部封隔器。

基于以上原因，开发了特定的工具，称为阵列式持率仪（MPT）。这些工具的目标是用一系列离散点替换单个值响应，以便更好地描述流行为，并最终消除对滑脱模型的需要。

3.11　阵列式持率仪（MPT）或者组合工具

3.11.1　斯伦贝谢持相率测量仪（FloView）

持相率测量仪（FloView）是一个通用名称，包括流量井径成像仪（PFCS）和流体剖面数字图像分析仪（DEFT）。这些工具包括 4~6 个持水率探头，它们利用水的导电性来区分水和油气的存在。在水连续相中，电流从探头尖端发出并返回到工具体。一小滴油或气体只要落在探头顶端就能断开电路并被记录下来。

在油连续相中，接触探头尖端的水滴不会提供电路。相反，水滴必须将电子探头与接地线连接起来。这需要一个更大的液滴比需要在水连续相中进行气或油的检测（图3.41）。

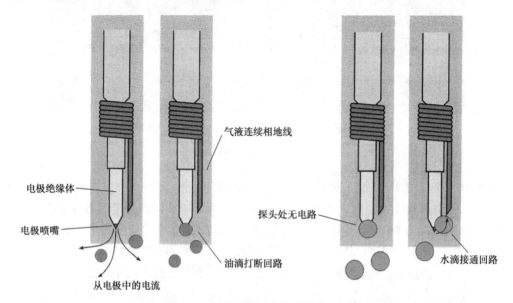

图3.41　持相率测量仪探头操作原理

持相率测量仪探头的信号位于连续水相响应和连续油气相响应两个基准线之间。为了捕获小的瞬态气泡读数，将动态临界值调整到接近连续相位的位置，然后与探头波形进行比较。二元持水率信号的结果，随着时间的推移平均成为探头持水率。将波形通过临界值的次数计数并除以2，得到探头气泡计数（图3.42）。

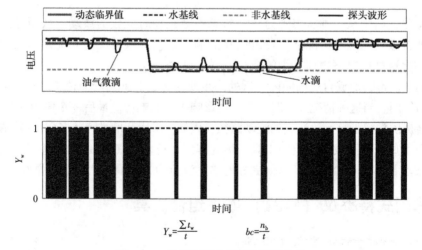

$$Y_w = \frac{\sum t_w}{t} \qquad bc = \frac{n_b}{t}$$

图3.42　持相率测量仪探头波形处理

Y_w—持水率；$\sum t_w$—捕捉到水滴的总时长；　t—总的捕捉时间；bc—单位时间捕捉的水滴数，个；

n_b—捕捉水滴数，个（译者注）

3.11.2　斯伦贝谢气体持率光学探测仪（GHOST）

气体持率光学探测仪（GHOST）包括 4 个持气率探头。探头利用气体、石油和水的折射率来区分气体和液体的存在（图 3.43）。

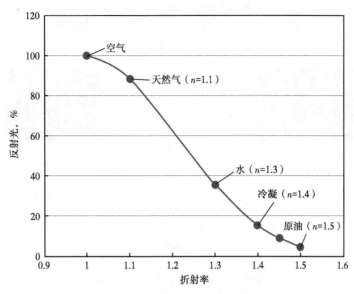

图 3.43　反射光与折射率的关系

经过适当频率照射的光通过 Y 形接头进入光纤，最后进入由合成蓝宝石晶体制成的光学探头。不逸出的光通过 Y 形接头返回到光电二极管，并转换为电压（图 3.44）。

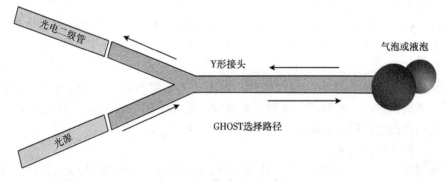

图 3.44　传感器选择路径

来自光学探头的信号位于或低于天然气基线，并位于或高于石油基线。为了捕捉小的瞬态气泡读数，动态临界值被调整到接近连续气相和接近连续液相。然后将临界值与探头波形进行比较，以提供一个随时间平均的二元气持相率信号。将波形通过临界值的次数计数并除以 2，得到探头气泡计数（图 3.45）。

3.11.3　斯伦贝谢流量测井仪（FSI）

流量测井仪（FSI）将 5 个微型转子流量计（MS）与 6 个持相率测量仪（FloView）探

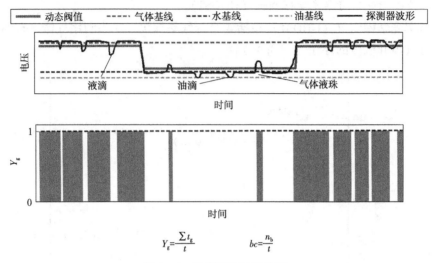

$$Y_g = \frac{\sum t_g}{t} \qquad bc = \frac{n_b}{t}$$

图 3.45　光学探头波形处理

Y_g—持气率；$\sum t_g$—捕捉到气泡的总时长；t—总的捕捉时间；bc—单位时间
捕捉的气泡数，个；n_b—捕捉气泡数，个（译者注）

头（电气探头，Ep）和 6 个气体持率光学探测仪（GHOST）探头（光学探头，Op）组合
在一起。该工具的设计是坐在低侧的管道重力，因此提供持水率，含气率和速度剖面上垂
直轴。持相率传感器的工作原理在前面的章节中已经解释过。单个流量测井仪转子的校正
非常简单，因为从一个通道到另一个通道，转子应该处于相同的垂直位置。

3.11.4　桑德斯（Sondex）多相阵列生产测井仪（MAPS）

3.11.4.1　电容阵列仪（CAT）

电容阵列仪（CAT）使用分布在圆周上的 12 个电容探头。与任何电容传感器一样，电
容阵列仪探头主要区分水和油气。然而，石油和天然气介电值的对比可以用来区分这两种
流体。在分层环境中，探头响应可以通过两种两相校正得到持相率值，如图 3.46 所示。探
头正态响应为 0~0.2 时，认定为油气系统；探头正态响应为 0.2~1 时，认定为油水系统。
为了在不考虑局部持相率的情况下求解三相响应，可以采用三相响应，如图 3.47 所示。这
个响应是前一个图的扩展，它构成了曲面与侧壁的交点。

3.11.4.2　电阻阵列仪（RAT）

电阻阵列仪（RAT）包含 12 个布置在圆周上的传感器。传感器力学包括最终连接到传
感器电子输入的探头尖端和一个参考接触点（通常为地球电位）。

探头尖端之间的电阻测量结果与电极之间探测到的电阻的对数成正比，因此也与流体
电阻率成正比。现场输出包括一个小时间窗口的平均电阻率和标准偏差以及直方图。通常
的处理是基于平均电阻率 R，平均电阻率 R 被认为是导电水电阻率 R_c 和绝缘油气电阻率 R_i
的线性函数。

因此，可直接得到持水率为

$$Y_w = \frac{R - R_i}{R_c - R_i} \qquad\qquad (3.19)$$

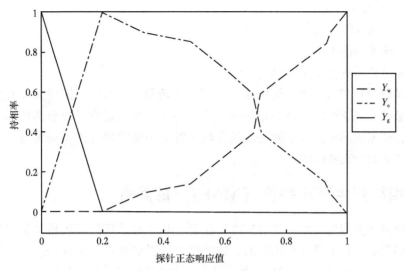

图 3.46　电容阵列仪探头油气水三相响应值

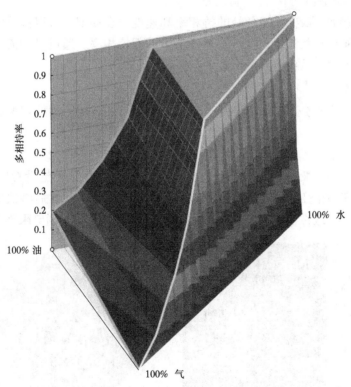

图 3.47　三相电容阵列仪的反应

注意两相部分：油—气，油—水，气—水

式中　Y_w——持水率；

　　　R——平均电阻率；

　　　R_i——导电水的电阻率；

　　　R_c——绝缘油的电阻率。

3.11.4.3　阵列式涡轮流量仪（SAT）

阵列式涡轮流量仪（SAT）使用 6 个微型转子流量计（MS），同样分布在圆周上。阵列式涡轮流量仪的复杂性之一是多相阵列生产测井仪工具串通常可以自由旋转，因此对于不同的传递，阵列式涡轮流量仪微调器通常位于管道中给定深度的不同位置。这使得旋流器在流动条件下的校正有问题。

3.12　多相阵列生产测井仪（MAPS）的解释

对于任何多相阵列生产测井仪（MPT）工具，探头在给定深度的精确位置都是由工具几何形状、局部直径和工具轴承决定的，这些都是获得的测量的一部分。定量分析的第一个必要步骤是从离散值到二维（2D）表示形式。这种二维表示形式有两个目的：

（1）对各属性进行积分，得出具有代表性的平均值；

（2）综合局部属性得到相流量和积分。

想象一下，例如，我们知道各处的持相率和速度。在局部，可以假设没有滑脱，在横截面上的每个位置计算相流量，用局部速度乘以局部持相率。通过对相流量的积分，可以直接得到平均相速率，从而得到最终结果不再需要滑脱模型。

3.12.1　映射模型

映射模型假定水平分层。如果流动类型是分离流，那么从平均持相率和速度进行常规分析就足够了。

3.12.1.1　线性模型

线性模型通过许多变量定义感兴趣的测量，这些变量表示该度量沿着局部垂直轴的值。在这个轴上，有多少个变量，就有多少个探头读数的有效投影。然后将值横向扩展。如果没有进一步的约束，线性模型将精确地通过投影值。图 3.48 是一趟电阻阵列仪通过的数据

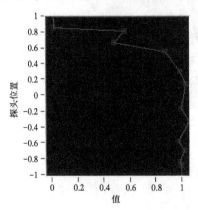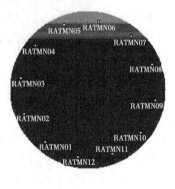

图 3.48　无约束电阻阵列仪线性模型映射

说明。这 12 个投影定义了垂直轴上持水率的值，这些值是横向扩展的。持水率（深色表示水，浅色表示油）的彩色二维图显示了分离流，但持水率并没有严格地从底部到顶部下降。

为了纠正上述情况，可以利用重力分离约束改变线性模型，即施加水柱自底向上减小或气柱自底向上增大的条件。

非线性回归可以用来尝试匹配这些值，同时满足约束条件。结果如图 3.49 所示。

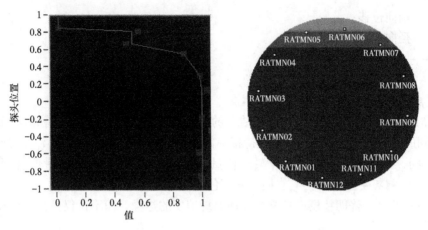

图 3.49　施加分离流约束的电阻阵列仪线性模型映射

3.12.1.2　斯伦贝谢 MapFlo 持相率模型

该模型适用于斯伦贝谢持相率测量。它可用于流量井径成像仪、流体剖面数字图像分析仪、气体持率光学探测仪和流量测井仪，甚至仪器间组合使用。所有的模型都试图匹配，就像线性模型一样，是测量值在垂直轴上的投影。MapFlo 模型基于两个参数，生成典型的形状/响应，如图 3.50 所示。

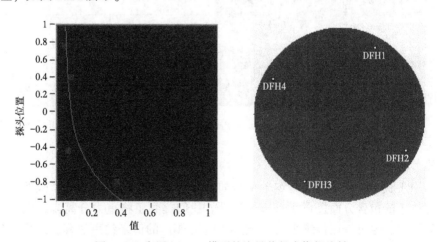

图 3.50　应用 MapFlo 模型的流量井径成像仪映射

3.12.1.3　普朗特速度模型

该模型可用于流量测井仪的速度映射。与 MapFlo 一样，它由两个参数控制。该模型的主要思想是通过对持相率剖面进行线性变换得到速度剖面，然后在管壁附近对其进行四舍五入。更精确地说，对修正系数 α 和 β 进行回归，并与速度投影匹配，用式（3.20）得到了速度剖面。

$$\left[(Y_w - Y_g) \times \alpha + \beta \right] \times \left(1 - \left| \frac{z}{r} \right| \right)^{1/7} \tag{3.20}$$

式中　z——轴向位移；

　　　r——径向位移；

　　　Y_w——持水率；

　　　Y_g——持气率；

　　　a, β——修正系数。

图 3.51 显示了在 MapFlo 和普朗特结合的流量测井仪例子中，垂直持相率和速度剖面是如何得到的。持水率处处为 0，气相持相率剖面以红色显示（见底部的 Y_g）。速度剖面用黄色曲线表示，在本例中忽略了一个转子流量计。正方形表示离散的测量值（用■灰度色块代表 Y_w，用■灰度色块代表 Y_g，用□灰度色块代表 v）。

值得注意的是，普朗特模型在整个圆周上绕速度的边缘，而不仅仅是在顶部和底部。

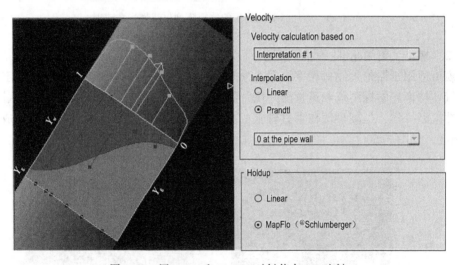

图 3.51　用 Mapfo 和 Prandtl 对斜井中 FSI 映射

3.12.2　映射选项

了解了用于映射二维模型的基本框架是如何基于非线性回归的。这个框架在输入的数量以及外部约束的包含方面提供了很多灵活性。我们提到了将重力分离流约束与线性模型联系起来的能力。也可以用传统工具（例如密度工具）的值来约束过程。最后，如果从一个传递到另一个传递的条件是稳定的，那么优化可以基于多个传递同时进行。当工具（多相阵列生产测井仪、流量井径成像仪、气体持率光学探测仪）旋转时，这就提供了在每个深度将横断面上的并行点测量的能力，并且可以补偿探头的误差。

3.12.3 积分

该映射允许对每个深度的横截面进行积分，从而得到平均值：

$$Y_w = \frac{\int_S Y_w dS}{S};$$

$$Y_g = \frac{\int_S Y_g dS}{S};$$

$$Y_o = \frac{\int_S Y_o dS}{S};$$

$$V = \frac{\int_S V dS}{S}$$

(3.21)

如前所述，在没有局部滑脱的假设下，我们可以利用局部速度和持相率来获得相流量。

$$Q_w = \frac{\int_S Y_w V dS}{S};$$

$$Q_o = \frac{\int_S Y_o V dS}{S};$$

$$Q_g = \frac{\int_S Y_g V dS}{S}$$

(3.22)

式中　Y_w——持水率；

　　　Y_g——持气率；

　　　Y_o——持油率；

　　　S——通流截面面积。

3.12.4 解释

通过持相率、相流量和总速度并结合任何可用的附加工具等应用过程输出来进行解释。即使我们正在寻求的答案是在本质上已经提供（我们获取任何位置的相流量），解释仍然是一个需要一步想出实际区域的生产，可能为额外的约束（标志、地面流量）采用连续法是最好的选择，因为它包含一个内置的机制来绕过任何滑动模型的识别提供足够的信息。图3.52是流量测井仪作业的典型输出示例。

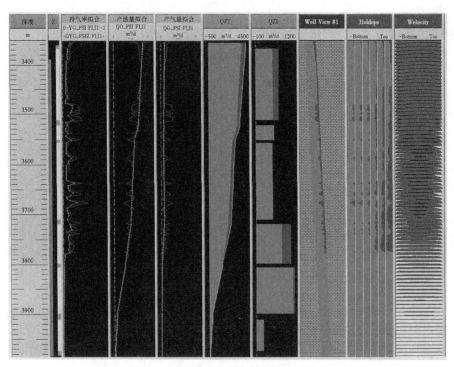

图 3.52　流量测井仪的解释

3.13　选择性流入动态（SIP）

选择性流入动态提供了一种为各生产层建立稳态流入关系的方法。该井以几种不同的稳定表面速度注水，每一种速度在整个生产层段进行生产测井，以记录井下流动速度和流动压力的同时剖面。利用 PVT 数据，可以将现场测量的速度转换为地表条件。

选择性流入动态理论严格适用于单相对于每个测量/解释。

选择性流入动态计算中使用的每个储层都有一组（速度、压力）响应。对于压力，解释基准通道在区域的顶部进行插值。对于速率，选择性流入动态中使用的值是生产。对于给定的储层，其计算值为该储层顶部和底部示意图上插值值之间的差值（图 3.53）。

不同的流入动态关系（IPR）方程可以使用：直线关系，C&n 和 LIT 关系。在气井的情况下，可以用拟压力 $m(p)$ 来代替压力 p 来计算气体产能。

直线：

$$Q = PI(\bar{p} - p) \tag{3.23}$$

LIT（a&b）：

$$\bar{p}^2 - p^2 = aQ + bQ^2 \tag{3.24}$$

或

$$m(\bar{p}) - m(p) = aQ + bQ^2 \tag{3.25}$$

Fetkovitch 或 C&n：

$$Q = C(\bar{p}^2 - p^2)^n \tag{3.26}$$

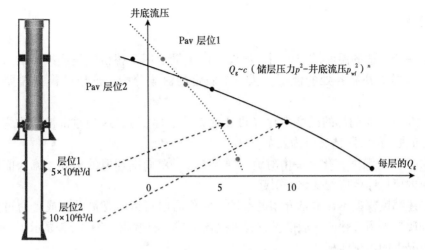

图 3.53　选择性流入动态示例
包含两个层位、三个速度和一个关井测量

或

$$Q = C\left[\,m(\bar{p}) - m(p)\,\right]^{n} \tag{3.27}$$

式中　Q——流量（产量）；

　　　$\bar{p}$ 和 p——分别为油藏平均压力和井底压力；

　　　a 和 b——常数；

　　　$m(\bar{p})$——油藏虚拟平均压力；

　　　$m(p)$——虚拟井底压力；

　　　C 和 n——常数。

　　在将压力校正到公共基准之后，可以生成 SIP。这通常使用关井压力剖面来估计层间的静水头。经过压力校正的 SIP 突出显示了层间窜流（图 3.54）。

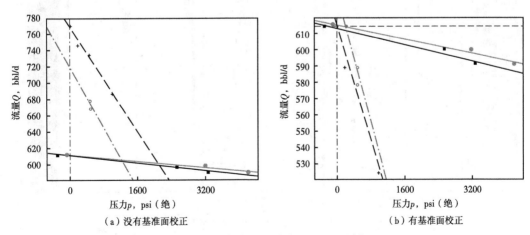

图 3.54 选择性流入动态（SIP）示例

3.14　温度

如果有一个合适的温度模型可用，温度可以定量地用于替换缺失或故障的流量计。这个模型就可以提供井筒各处的温度，从一个假定的流量分配。这样的模型需要获取以下信息：

（1）发生在储层内部的温度变化（可压缩效应、摩擦）。这些通常被简化为焦耳—汤姆森冷却/加热，但实际情况更为复杂。

（2）井筒内的温度变化——由对流（换流口）、对周围环境的传导、流入前焓值的变化以及井筒内可压缩效应的变化而引起。

详细描述温度模型不在本章介绍的范围。它们有时可以非常简单，或者通过数值求解一个耦合到质量平衡方程的一般能量方程来描述上述所有效应。图 3.55 显示了一个明显的向下流动情况下的示例匹配。

处理温度需要大量的输入，通常包括地热剖面、岩石热物性、流体热容、完井单元热物性、储层岩石物性等。如果这些参数不可用，它们将成为问题的额外自由度，从而导致存在多个解。在任何情况下，相的识别仍然需要密度或持相率等流体识别测量。

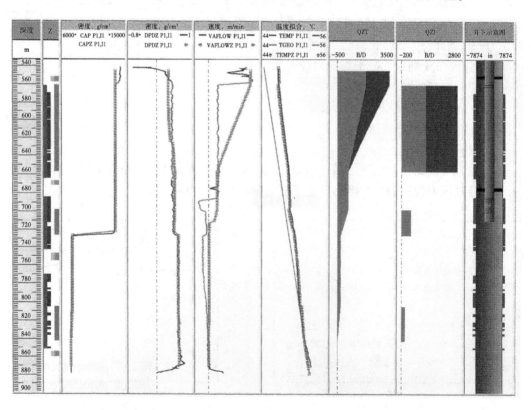

图 3.55　埃莫罗德（Emeraude）的温度匹配

参 考 文 献

［1］ Hill, A. D. (1990) . *Production Logging*, *SPE Monograph Series*, Vol. 14. Society of Petroleum.

［2］ Whittaker, C. C. (2013) . *Fundamentals of Production Logging*, Schlumberger.

国外油气勘探开发新进展丛书（一）

书号：3592
定价：56.00元

书号：3663
定价：120.00元

书号：3700
定价：110.00元

书号：3718
定价：145.00元

书号：3722
定价：90.00元

国外油气勘探开发新进展丛书（二）

书号：4217
定价：96.00元

书号：4226
定价：60.00元

书号：4352
定价：32.00元

书号：4334
定价：115.00元

书号：4297
定价：28.00元

国外油气勘探开发新进展丛书（三）

书号：4539
定价：120.00元

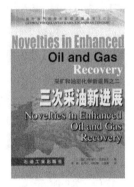

书号：4725
定价：88.00元

书号：4707
定价：60.00元

书号：4681
定价：48.00元

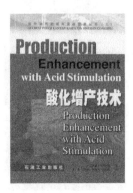

书号：4689
定价：50.00元

书号：4764
定价：78.00元

国外油气勘探开发新进展丛书（四）

书号：5554
定价：78.00元

书号：5429
定价：35.00元

书号：5599
定价：98.00元

书号：5702
定价：120.00元

书号：5676
定价：48.00元

书号：5750
定价：68.00元

国外油气勘探开发新进展丛书（五）

书号：6449
定价：52.00元

书号：5929
定价：70.00元

书号：6471
定价：128.00元

书号：6402
定价：96.00元

书号：6309
定价：185.00元

书号：6718
定价：150.00元

国外油气勘探开发新进展丛书（六）

书号：7055
定价：290.00元

书号：7000
定价：50.00元

书号：7035
定价：32.00元

书号：7075
定价：128.00元

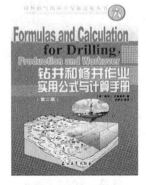

书号：6966
定价：42.00元

书号：6967
定价：32.00元

国外油气勘探开发新进展丛书（七）

书号：7533
定价：65.00元

书号：7802
定价：110.00元

书号：7555
定价：60.00元

书号：7290
定价：98.00元

书号：7088
定价：120.00元

书号：7690
定价：93.00元

国外油气勘探开发新进展丛书（八）

书号：7446
定价：38.00元

书号：8065
定价：98.00元

书号：8356
定价：98.00元

书号：8092
定价：38.00元

书号：8804
定价：38.00元

书号：9483
定价：140.00元

国外油气勘探开发新进展丛书（九）

书号：8351
定价：68.00元

书号：8782
定价：180.00元

书号：8336
定价：80.00元

书号：8899
定价：150.00元

书号：9013
定价：160.00元

书号：7634
定价：65.00元

国外油气勘探开发新进展丛书（十）

书号：9009
定价：110.00元

书号：9989
定价：110.00元

书号：9574
定价：80.00元

书号：9024
定价：96.00元

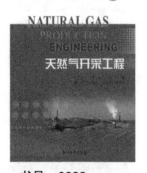

书号：9322
定价：96.00元

书号：9576
定价：96.00元

国外油气勘探开发新进展丛书（十一）

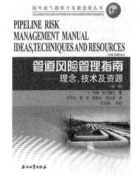

书号：0042
定价：120.00元

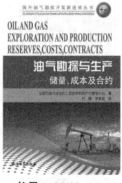

书号：9943
定价：75.00元

书号：0732
定价：75.00元

书号：0916
定价：80.00元

书号：0867
定价：65.00元

书号：0732
定价：75.00元

国外油气勘探开发新进展丛书（十二）

书号：0661
定价：80.00元

书号：0870
定价：116.00元

书号：0851
定价：120.00元

书号：1172
定价：120.00元

书号：0958
定价：66.00元

书号：1529
定价：66.00元

国外油气勘探开发新进展丛书（十三）

书号：1046
定价：158.00元

书号：1167
定价：165.00元

书号：1645
定价：70.00元

书号：1259
定价：60.00元

书号：1875
定价：158.00元

书号：1477
定价：256.00元

国外油气勘探开发新进展丛书（十四）

书号：1456
定价：128.00元

书号：1855
定价：60.00元

书号：1874
定价：280.00元

书号：2857
定价：80.00元

书号：2362
定价：76.00元

国外油气勘探开发新进展丛书（十五）

书号：3053
定价：260.00元

书号：3682
定价：180.00元

书号：2216
定价：180.00元

书号：3052
定价：260.00元

书号：2703
定价：280.00元

书号：2419
定价：300.00元

国外油气勘探开发新进展丛书（十六）

书号：2274
定价：68.00元

书号：2428
定价：168.00元

书号：1979
定价：65.00元

书号：3450
定价：280.00元

书号：3384
定价：168.00元

国外油气勘探开发新进展丛书（十七）

书号：2862
定价：160.00元

书号：3081
定价：86.00元

书号：3514
定价：96.00元

书号：3512
定价：298.00元

书号：3980
定价：220.00元

国外油气勘探开发新进展丛书（十八）

书号：3702
定价：75.00元

书号：3734
定价：200.00元

书号：3693
定价：48.00元

书号：3513
定价：278.00元

书号：3772
定价：80.00元

书号：3792
定价：68.00元

国外油气勘探开发新进展丛书（十九）

书号：3834
定价：200.00元

书号：3991
定价：180.00元

书号：3988
定价：96.00元

书号：3979
定价：120.00元

书号：4043
定价：100.00元

书号：4259
定价：150.00元

国外油气勘探开发新进展丛书（二十）

书号：4071
定价：160.00元

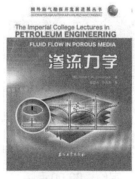

书号：4192
定价：75.00元

书号：4770
定价：118.00元